高等学校摄影测量与遥感系列教材

U0383713

# 数字摄影测量 4D生产综合实习教程

主　编　段延松

副主编　王　玥　季　铮

武汉大学出版社
WUHAN UNIVERSITY PRESS

**图书在版编目(CIP)数据**

数字摄影测量4D生产综合实习教程/段延松主编 . —武汉:武汉大学出版社,2014.8(2019.7重印)

高等学校摄影测量与遥感系列教材

ISBN 978-7-307-13507-9

Ⅰ.数…　Ⅱ.段…　Ⅲ.数字摄影测量—高等学校—教材　Ⅳ.P231.5

中国版本图书馆 CIP 数据核字(2014)第 120888 号

责任编辑:鲍　玲　　　责任校对:鄢春梅　　　版式设计:马　佳

出版发行:**武汉大学出版社**　　(430072　武昌　珞珈山)

　　　　　　(电子邮箱:cbs22@whu.edu.cn　网址:www.wdp.com.cn)

印刷:武汉中科兴业印务有限公司

开本:787×1092　　1/16　　印张:12.25　　字数:304 千字

版次:2014 年 8 月第 1 版　　　2019 年 7 月第 2 次印刷

ISBN 978-7-307-13507-9　　　定价:25.00 元

# 前　言

摄影测量有着较悠久的历史，19 世纪中叶，摄影技术一经问世，便应用于测量。它从模拟摄影测量开始，经过解析摄影测量阶段，现在已经进入数字摄影测量时期。摄影测量是一种测量技术，技术的重点是在于实践与应用，这种实践与应用主要表现为生产实习。4D 生产综合实习是有一定独立性的实践性教学环节，它与摄影测量学、数字摄影测量学等课程教学有着紧密联系。同时，摄影测量 4D 生产综合实习是一门综合性很强的实习课程，它是对学生所学摄影测量及相关专业知识的综合应用，使学生系统全面地掌握并应用摄影测量基础知识，锻炼实践操作技能。摄影测量 4D 生产综合实习将课堂理论与实践相结合，培养学生分析问题和解决问题的实际动手能力，为以后参加测绘工作做铺垫。

编写本书的目的在于提供一本摄影测量生产实习的指导书，因此，此书的重点放在具体操作方面。同时，作为一本入门教材，本书内容通俗易懂，对作业操作过程的描述带有具体操作的图形界面图，是很好的指导参考书。

本书每章都是从基础知识入手，先简要介绍所涉及的基础理论知识，然后提出了本章实习要求和内容，最后详细介绍了具体操作步骤。全书分 9 章，第 1 章主要介绍摄影测量生产设备，第 2 章主要介绍数据分析与准备，第 3 章主要介绍航空影像的定向方法与具体操作，这是生产环节中一个重要的基础步骤。第 4 章到第 7 章分别介绍了 DEM、DOM、DLG、DRG 的生产作业方法，第 8 章讲述了卫星影像的基本处理方法，第 9 章讲述了生产作业过程的质量控制和成果检查方法。

本书主要由段延松完成，王玥和季铮参加了部分内容的编写以及对全书进行审稿和修正。感谢武汉大学遥感学院刘继琳、叶晓新、王茜、李振涛、伍大洲、李爱善、季顺平等老师对 4D 生产综合实习教学总结的经验，此外特别感谢王博博士、赵宗哲博士，以及武汉适普软件有限公司为本书提供的大力帮助。本书是湖北省高等学校教学研究项目"打造全方位、多层次的摄影测量方向精品实践教学平台（编号 JG2010023）"的成果之一，这里对项目组成员一并表示感谢。

本书可作为摄影测量与遥感、GIS 专业本科生的实习教材，高职高专学校测绘类专业摄影测量课程的实习教材，也可作为专业工程技术人员的参考书。

由于作者水平有限，加之时间仓促，书中难免存在诸多不足与不妥之处，敬请读者指出。

编　者

2014 年 3 月于武汉大学

1

# 目　　录

# 第1章 绪 论

摄影测量有着较悠久的历史，它从模拟摄影测量开始，经过解析摄影测量阶段，现在已经进入数字摄影测量时期。当代的数字摄影测量是传统摄影测量与计算机视觉相结合的产物，它研究的重点是从数字影像自动提取所摄对象的空间信息。基于数字摄影测量理论建立的数字摄影测量工作站和数字摄影测量系统正在取代传统摄影测量所使用的模拟测图仪与解析测图仪。

国际摄影测量与遥感协会 ISPRS（International Society of Photogrammetry and Remote Sensing）1988 年给摄影测量与遥感的定义是：摄影测量与遥感是从非接触成像和其他传感器系统通过记录、量测、分析与表达等处理，获取地球及其环境和其他物体可靠信息的工艺、科学与技术（Photogrammetry and Remote Sensing is the art, science and technology of obtaining reliable information from noncontact imaging and other sensor systems about the Earth and its environment, and other physical objects and processes through recording, measuring, analyzing and representation）。其中，摄影测量侧重于提取几何信息，遥感侧重于提取物理信息。也就是说，摄影测量是从非接触成像系统，通过记录、量测、分析与表达等处理、获取地球及其环境和其他物体的几何属性等可靠信息的工艺、科学与技术。

数字摄影测量 4D 生产综合实习是一门具有一定独立性的实践性教学课程，它明显区别于摄影测量学、数字摄影测量学等传统课程。同时，数字摄影测量 4D 生产综合实习是一门综合性很强的实习课程，它是对四年本科所学的摄影测量及相关专业理论知识的综合应用，使学生能够系统全面地学习并应用已学摄影测量知识，锻炼实践技能。通过 4D 生产综合实习将课堂理论与实践相结合，深入掌握摄影测量学的基本概念和原理，加强摄影测量学的基本技能训练，培养学生分析问题和解决问题的实际动手能力。通过实际使用数字摄影测量工作站，了解数字摄影测量的内定向、相对定向、绝对定向、DEM、DOM、测图生产过程及方法，为以后从事有关数字摄影测量方面的工作打下坚实的基础。

## 1.1 课程意义和目的

数字摄影测量 4D 生产综合实习目的是运用所学的基础理论知识与课间实习已掌握的基本技能，利用现有仪器设备及资料进行综合训练。该实习不仅要求掌握 4D 产品生产的基本原理与方法，而且强调摄影测量的专业技能（立体观测），制作出符合生产要求的 4D 产品。

## 1.2 测量仪器

数字摄影测量的主要仪器是数字摄影测量系统。数字摄影测量系统的研制由来已久，早在 20 世纪 60 年代，第一台解析测图仪 AP-1 问世不久，美国就开始研制全数字化测图系统

DAMC。其后出现了多套数字摄影测量系统，但基本上都属于体现数字摄影测量工作站（Digital Photogrammetric Workstation，DPW）概念的试验系统。直到 1988 年，京都国际摄影测量与遥感协会第 16 届大会上才展出了商用数字摄影测量工作站 DSP-1。尽管 DSP-1 是作为商品推出的，但实际上并没有成功地应用于生产。直到 1992 年 8 月，在美国华盛顿第 17 届国际摄影测量与遥感大会上，有多套较为成熟的产品展示，这表明了数字摄影测量工作站正在由试验阶段步入摄影测量的生产阶段。1996 年 7 月，在维也纳第 18 届国际摄影测量与遥感大会上，展出了十几套数字摄影测量工作站，这表明数字摄影测量工作站已进入了使用阶段。

现在，数字摄影测量发展迅速，数字摄影测量工作站得到了越来越广泛的应用，其品种也越来越多，Heipke 教授为数字摄影测量工作站的现状作了一个很好的回顾与分析。根据系统的功能、自动化的程度与价格，目前国际市场上的数字摄影测量工作站可分为四类：第一类是自动化功能较强的多用途数字摄影测量工作站，由 Automatic、LH System、Z/I Imaging、Erdas、Inpho 与 Supresoft 等公司提供的产品即属于此类产品；第二类是较少自动化的数字摄影测量工作站，包括 DVP Geometics，ISM，KLT Associates，R-Well 及 3D Mapper，Espa Systems，Topol Software/Atlas 与 Racures 等公司提供的产品；第三类是遥感系统，由 ER Mapper，Matra，MircoImages，PCI Geometics 与 Research Systems 等公司提供，大部分没有立体观测能力，主要用于产生正射影像；第四类是用于自动矢量数据获取的专用系统，目前还没有成功用于生产。

数字摄影测量工作站的自动化功能可分为：①半自动（semi-automatic）模式，它是在人、机交互状态下进行工作；②自动（automatic）模式，它需要作业员事先定义、输入各种参数，以确保其完成操作的质量；③全自动（full-automatic）模式，它完全独立于作业员的干预。目前，数字摄影测量工作站所具有的全自动模式功能还不多，一般还处在半自动与自动模式。而自动工作模式所需要的质量控制参数的输入，是取决于作业员的经验的，对此不能掉以轻心。因此，在运行数字摄影测量工作站的自动工作模式时，所需要输入参数的多少、对作业员所需经验的多少，应该是衡量数字摄影测量工作站是否稳健（robust）的一个重要指标。一个好的自动化系统应该具备的条件是：所需参数少，系统对参数不敏感。目前，不少数字摄影测量工作站实质上是一台用于处理数字影像的解析测图仪，基本上多是人工操作。从发展的角度而言，这一类数字摄影测量工作站不能属于真正意义上的数字摄影测量的范畴。因为数字摄影测量与解析摄影测量之间的本质差别，不仅仅在于是否能处理数字影像，最重要的是应该考察其是否将数字摄影测量与计算机科学中的数字图像处理、模式识别、计算机视觉等密切地结合在一起，将摄影测量的基本操作不断地实现半自动化、自动化，这是数字摄影测量的本质所在。例如，影像的定向、空中三角测量、DEM 的采集、正射影像的生成，以及地物测绘的半自动化与自动化，使它们变得越来越容易操作。对于操作人员而言，这些基本操作似乎是一个"黑匣子"，他们并不一定需要摄影测量专业理论的培训（Ir Chung，1993），只有这样，数字摄影测量才能获得前所未有的广泛应用。

数字摄影测量系统通常包括专业硬件设备和摄影测量软件。

### 1.2.1 专业硬件设备

#### 1.2.1.1 立体显示与观测设备
立体显示是摄影测量与虚拟显示的一个实现基础，在测绘领域具有十分重要的地位。根据人眼视差的特点，让左右眼分别看到不同的图像，这便是立体显示的基本原理。实现方法主要有补色法、光分法和时分法等，对应的设备包括双色眼镜、主动立体显示、被动同步的立体投影设备。由于测图生产的需要，本书只介绍与 4D 生产实习有关的双色眼镜、主动立体观测设备及立体显示设备。

双色眼镜是最常用的一种立体观测设备，如图 1-1 所示。这种模式下，在屏幕上显示的图像将先由驱动程序进行颜色过滤。渲染给左眼的场景会被过滤掉红色光，渲染给右眼的场景将被过滤掉青色光（红色光的补色光，绿光加蓝光）。然后观看者使用一副双色眼镜，这样左眼只能看见左眼的图像，右眼只能看见右眼的图像，物体正确的色彩将由大脑合成。这是成本最低的方案，但一般只适合于观看全身的场景，对于其他真彩色显示场景，由于丢失了颜色的信息可能会造成观看者的不适。

图 1-1　双色眼镜

主动立体显示设备最常见的是闪闭式立体眼镜以及对应的信号发射器，如图 1-2 所示。闪闭式立体又称为时分立体或画面交换立体，这个模式以一定速度轮换地传送左右眼图像，显示端上轮流显示左右两眼的图像，观看者需戴一副液晶眼镜，当左眼图像出现时，左眼的液晶体透光，右眼的液晶体不透光；相反，当右眼图像出现时，只有右眼的液晶体透光，左右两眼只能看见各自所需的图像。

图 1-2　闪闭式立体眼镜及信号发射器

这种模式需要立体显示卡的配合使用。立体显示卡是具有双头输出的显卡，如图 1-3 所示。立体显示卡的驱动程序将同时渲染左右眼的图像，并通过特殊的硬件输出和同步（如采用偏振分光眼镜进行同步投影）左右两张图像。闪闭式立体需要显示卡的驱动程序交替地渲染左右眼的图像，例如，第一帧为左眼的图像，那么下一帧就为右眼的图像，再下一帧渲染左眼的图像，依次交替渲染。之后，观测者将使用一副快门眼镜。快门眼镜通过有线或无线的方式与显卡和显示器同步，当显示器上显示左眼图像时，眼镜打开左镜片快门的同时关闭右镜片的快门，当显示器上显示右眼图像时，眼镜打开右镜片快门的同时关闭左镜片的快门。看不见的那只眼的图像将由大脑根据视觉暂存效应保留为刚才画面的影像，只要在此范围内的任何人戴上立体眼镜都能观看到立体影像。这种方法将降低图像的一半的亮度，并且要求显示器和眼镜快门的刷新速度都达到一定的频率，否则也会造成观看者的不适。

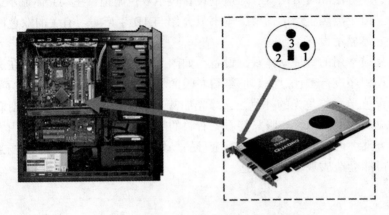

图1-3　立体显示卡

#### 1.2.1.2　手轮脚盘设备

手轮脚盘设备是数字摄影测量系统用于立体测图的主要工具，是在三维测图坐标系实现调整和操作的计算机仿真输入系统。如图1-4所示，手轮代表摄影测量坐标系的 $X$ 轴、$Y$ 轴，脚盘代表 $Z$ 轴，A、B用于功能控制，进行确认或取消的功能操作。

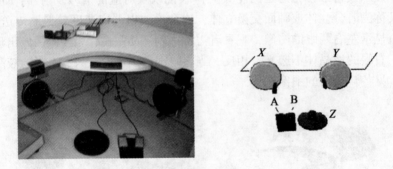

图1-4　手轮脚盘

#### 1.2.1.3　三维鼠标

三维鼠标是除手轮脚盘外另一重要的交互设备，主要用于6个自由度VR场景的模拟交互，可从不同的角度和方位对三维物体进行观察、浏览、操纵；可与立体眼镜结合使用，作为跟踪定位器，也可单独用于CAD/CAM，（Pro/E、UG）。如图1-5所示，作为输入设备，此种三维鼠标类似于摇杆加上若干按键的组合，由于厂家给硬件配合了驱动和开发包，因此在视景仿真开发中使用者可以很容易地通过程序，将按键和球体的运动赋予三维场景或物体，实现三维场景的漫游和仿真物体的控制。

#### 1.2.1.4　其他硬件设备

数字摄影测量工作站的其他硬件设备，如作为输入设备的影像数字化仪（扫描仪）主要用于将胶片或纸质影像数字化；作为输出设备的矢量绘图仪、栅格绘图仪以及批量出版用的印刷设备等，主要用于数字产品的输出。

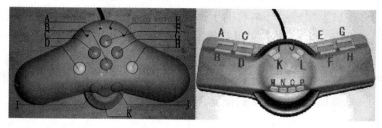

图 1-5　三维鼠标

### 1.2.2　数字摄影测量软件

数字摄影测量工作站的软件由数字影像处理软件、模式识别软件、解析摄影测量软件及辅助功能软件组成。

（1）数字影像处理软件主要包括：影像旋转、影像滤波、影像增强、特征提取等；

（2）模式识别软件主要包括：特征识别与定位（包括框标的识别与定位）、影像匹配（同名点、线与面的识别）、目标识别等；

（3）解析摄影测量软件主要包括：定向参数计算、空中三角测量解算、核线关系解算、坐标计算与变换、数值内插、数字微分纠正、投影变换等；

（4）辅助功能软件主要包括：数据输入输出、数据格式转换、注记、质量报告、图廓整饰、人机交互等。

目前，国际国内主流的数字摄影测量软件系统有：

1.2.2.1　ImageStation SSK 摄影测量系统（Intergraph 公司）

ImageStation SSK（Stereo Soft Kit）是美国 Intergraph 公司推出的数字摄影测量系统，它把解析测图仪、正射投影仪、遥感图像处理系统集成为一体，与 GIS（地理信息系统）以及 DTM（数字地形模型）在工程 CAD 中的应用紧密结合在一起，形成强大的具备航测内业所有工序处理能力的以 Windows 操作系统为基础的数字摄影测量系统。Intergraph 是目前世界上最大的摄影测量及制图软件的提供商之一，提供完整的摄影测量解决方案，其 ImageStation 系列软件已推出 20 年以上，具有深厚的理论基础。ImageStation SSK 不仅能处理传统的航摄数据和数字航摄相机的数据，还具备强大的卫星数据处理能力，包括 IKONOS、SPOTS、IRS、QuickBird、Landsat 等商业卫星。同时，它也具备近景摄影测量功能，是涵盖摄影测量全领域的完全解决方案。

ImageStation SSK 包含项目管理模块（ImageStation Photogrammetric Manager，ISPM）、数字量测模块（ImageStation Digital Mensuration，ISDM）、立体显示模块（ImageStation Stereo Display，ISSD）、数据采集模块（ImageStation Feature Collection，ISFC）、DTM 采集模块（ImageStation DTM Collection，ISDC）、基础纠正模块（ImageStation Base Rectifier，ISBR）、遥感图像处理模块（ISRASC）、空中三角测量模块（ImageStation Automatic Triangulation，ISAT）、自动 DTM 提取模块（ImageStation Automatic Evaluation，ISAE）、正射影像处理模块（ImageStation Ortho Pro，ISOP）。其中一些模块简介如下：

项目管理模块（ISPM）：项目管理模块（ISPM）提供航测生产流程所需的管理工具。该模块提供工程编辑、数据导入与输出、标准数据报告、工程归档等。

数字量测模块（ISDM）：ISDM 生成的影像点坐标可以直接用于 Z/I 或第三方的空三计算软件。灵活的多窗口影像显示环境有助于高效量测多度重叠区的连接点。自动相关和在线完整性检查能提高精度、生产效率和可靠性。影像增强和处理功能极大地帮助操作者进行量测。

立体显示模块（ISSD）：立体显示模块提供在 MicroStation 环境中的立体像对的显示和操作，如高精度三维测标跟踪，矢量数据立体叠加显示，立体漫游，影像对比度和亮度的调整等。

DTM 采集模块（ISDC）：DTM 采集模块以交互方式在立体模型上采集数字地形模型数据、高程点、断裂线及其他地形信息。它也可以来编辑已有的 DTM 数据。用户通过它可以动态实时地看到三角网或等高线的变化。ISDC 使用特征表来定义地形特征。它也是 ISAE 的输入和接受部分。

基础纠正模块（ISBR）：基础纠正模块是基于交互式和批处理的正射纠正软件，能处理航空和卫星数据，适合不同规模生产单位的需要。ISBR 产生的正射影像可用于影像地图生产。它的操作界面简单易用，效率极高。

遥感图像处理模块（ISRASC）：是适用于制图，航测成图，地理信息系统及市政工程的图像处理软件。它能显示和处理二值、灰度和彩色影像。在整个生产流程中 IRASC 可随时对影像进行处理及增强。

自动 DTM 提取模块（ISAE）：自动 DTM 提取能根据航空或卫星立体影像自动生成高程模型。它利用影像金字塔数据结构和处理算法，并自动进行实时核线重采样。它生成的DTM 模型可由 ISDC 进行编辑修改及用于 ISOP 等软件生成正射影像。

自动空三模块（ISAT）：自动进行连接点生成和空三计算。它在做影像匹配时，利用内置的光束法自动产生多度重叠的连接点。ISAT 允许利用图形选择像片/ 模型/测区，项目大小不受限制，支持 GPS / 惯导处理（例如，Applanix POSEO）、相机检校、自检校参数自动设置及分析、空三结果的图形分析等。ISAT 能支持从内定向、连接点自动提取到空三计算及分析的全部流程。

正射影像处理模块（ISOP）：是集成正射纠正功能的具备正射影像产品生产的全功能软件，包括正射生产任务计划，正射纠正，匀光处理，真实正射纠正，色调均衡，自动生成拼接线，镶嵌，裁剪和质量评估。它能将不同原始数据的坐标系转换为统一的成图坐标系。它将复杂的正射生产环节集成为一个简单高效的工作流程。

### 1.2.2.2 InPho 摄影测量系统（Trimble 公司）

InPho 摄影测量系统由世界著名的测绘学家 Fritz Ackermann 教授于 20 世纪 80 年代在德国斯图加特创立，并于 2007 年加盟 Trimble 导航有限公司。历经 30 年的生产实践、创新发展，InPho 已成为世界领先的数字摄影测量及数字地表/地形建模的系统供应商。InPho 支持各种扫描框幅式相机、数字 CCD 相机、自定义相机、推扫式相机以及卫星传感器获取的影像数据的处理。其主要功能已覆盖摄影测量生产的各个流程，如定向处理（空中三角测量）、DEM、DOM 等的 4D 产品生产以及地理信息建库处理，等等。InPho 以其模块化的产品体系使得它极为方便地整合到其他工作流程中，为全球各种用户提供便捷、高效、精确的软件解决方案及一流的技术支持，其代理经销商和合作伙伴遍布全球。

InPho 系列产品包括系统核心 Applications Master，定向模块 MATCH-AT、inBLOCK，地形地物提取模块 Summit Evolution、MATCH-TDSM，影像正射纠正及镶嵌模块 OrthoMaster、

OrthoVista，以及地理建模模块 DTMaster、SCOP++。各模块既可以相互结合进行实践应用，又可以独立实现各自功能，并能够非常容易地整合到任何一个第三方工作流程中，其各模块简介如下：

MATCH-AT 是基于先进而独特的影像处理算法为用户提供高精度、高效率、高稳定性的航空三角摄影测量软件。对于各种航空框幅式相机、数字框幅式 CCD 相机、推扫式 ADS 系列相机甚至无人机承载的数码相机等获取的影像均可实现完全自动化的高效空三处理。对于沙漠、水域等纹理较差的区域都可实现自动、有效的连接点匹配。

inBLOCK 是测区平差及相机校正软件。结合先进的数学建模和平差技术，通过友好的用户界面，极方便地实现交互式图形分析。支持多种传感器的灵活平差，包括胶片、数字框幅式相机、GPS 和 IMU，同一测区内支持多相机及特定相机的自校准。

MATCH-TDSM 自动进行地形和地表提取，从航空或卫星影像中提取高精度的数字地形模型（DTM）和数字地表模型（DSM），为整个目标测区生成无缝模型。自动选择最适影像进行智能多影像匹配，生成的 DSM 可以媲美 LIDAR 点云数据，尤其适于城市建模的应用。

DTMaster 是数字地形模型或数字地表模型的快速而精确的数据编辑软件，拥有极好的平面或立体显示效果。DTMaster 为 DTM 项目的高效检查、编辑、滤波分类等提供最优技术，可以非常容易地处理 5 千万个点，并可以方便地支持和转换各种数字地形/地表数据格式。

OrthoMaster 是 InPho 的一款为数字航片或卫片进行严格正射纠正的专业软件。OrthoMaster 的处理过程高度自动化，既可以处理单景影像，也可同时处理测区内的所有影像；既支持基于 DTM 进行严格正射纠正，也可以基于平面模型进行纠正，与 OrthoVista 结合后可以生成正射镶嵌图。

OrthoVista 是全球领先的生产镶嵌匀色影像的专业软件。它主要是利用先进的影像处理技术，对任意来源的正射影像进行自动调整、合并，从而生成一幅无缝的、颜色平衡的镶嵌图。全自动的拼接线查找算法可以探测人工建筑物，因而拼接线甚至是在城区依然可以有效地绕开建筑物，并可自动调整拼接线周边羽化区域。另外，OrthoVista 可同时处理上万张影像。

SCOP++ 被设计用以高效管理 DTM 工程，数据源可以是 LIDAR、摄影测量或其他来源的 DTM 或 DSM。SCOP++ 可提供非常卓越的数字地形模型的内插、滤波、管理、应用和显示质量的功能。其所有模块均被设计来处理成千上万个 DTM 点，方便管理大型 DTM 项目并提供独特的混合式 DTM 数据结构。

InPho 的数字立体测图部分集成了 DAT/EM 的 Summit Evolution。Summit Evolution 是一款界面友好的数字摄影测量立体处理工作站，可以方便地从航空框幅式和推扫式影像以及近距离、卫星、IFSAR、激光雷达亮度图及正射影像中采集 3D 要素，并可将收集的三维要素直接导入 ArcGIS，AutoCAD 或 MicroStation 中。

### 1.2.2.3 LPS 摄影测量系统（Leica 公司）

LPS（Leica Photogrammetry Suite）是美国 Leica 公司研发的数字摄影测量系统，具有简单易用的用户界面，强大而完备的数据处理功能，深受全球摄影测量和遥感用户的喜爱。LPS 为广泛的地理影像应用提供了高精度、高效能的数据生产工具，是面向海量数据生产的优秀解决方案。LPS 对航天航空数字摄影测量传感器（如 SPOTS、QuickBird、DMC、Leica RC30、ADS、A3 系列等）的全面支持、影像自动匹配、空中三角测量、地面模型的自动提取、亚像素级点定位等的功能，在帮助我们提高数据精度的同时，也大大地提高了数据生产的效率。LPS 采用模块化的软件设计，支持丰富多样的扩展模块，为用户提供了多种方便实用的功能选择，可根据用户需求灵活配置，具有功能强大、使用方便的优点。

LPS 也可以满足数字摄影测量人员的全部要求，从原始图像分析到视线分析。这些任务可以使用多种图像格式、地面控制点、定向和 GPS 数据、矢量数据和处理过的图像完成。LPS 系列产品包括核心模块 LPS Core、LPS Stereo 立体观测模块、LPS ATE 数字地面模型自动提取模块、LPS eATE 并行分布式数字地面模型自动提取模块、LPS Terrain Editor（TE）数字地面模型编辑模块、LPS ORIMA 空三加密模块、LPS PRO600 数字测图模块、Stereo Analyst for ERDAS IMAGINE/ArcGIS 立体分析模块和 Image Equalizer 影像匀光器模块。其各模块简介如下：

核心模块 LPS Core 提供了功能强大且操作简单的数字摄影测量工具，包括强大的定向和正射纠正工具，其他数字摄影测量所必需的工具，以及影像处理方面的功能。LPS Core 包含 ERDAS IMAGINE Advantage 高级版的所有功能，能够完成包括卫片、航片及无人机图像在内的各种影像处理。

LPS Stereo 立体观测模块以多种方式对影像进行三维立体观测，能够在立体模式下提取地理空间内容，进行子像元定位，连续漫游和缩放，快速图像显示。图像显示包括立体、分窗、单片和三维显示等形式。

LPS ATE 数字地面模型自动提取模块能够利用尖端技术从两幅或多幅影像自动进行快速、高精度的 DTM 提取。

LPS eATE 并行分布式数字地面模型自动提取模块采用全新的地形提取算法，可做逐点灰度匹配，提取高密度的点云输出地面，利用多线程并行和分布式计算，输出包括 RGB 编码的 LAS 在内的多种数据格式，通过集成点分类获得经严密过滤的裸地形图。

LPS Terrain Editor（TE）数字地面模型编辑模块是编辑 DTM 全面有力的工具。它能迅速更新地图，包括立体模式下点、线、面地形编辑。地形编辑支持多种 DTM 格式，包括 ERDAS Terrain Format，SOCET SET TINs，SOCET SET GRIDS，TerraModel TINs 和 Raster DEMs 等 DTM 格式。

LPS ORIMA 空三加密模块是区域网空中三角量测与分析的软件模块，能够处理大量的影像坐标、地面控制点和 GPS 坐标。ORIMA 能够实现以生产为核心的框幅式和 LeicaADS40/80 影像的空中三角测量，支持 GPS/IMU 校正和自检校。

LPS PRO600 数字测图模块实现交互式特征采集，必须集成在 Bentley 公司的 MicroStation 环境下。为用户提供了灵活、易学的以 CAD 为基础的，用于立体影像大比例尺数字成图的工具，包括标记、符号、颜色、线宽、用户定义的线型和格式等。

Stereo Analyst for ERDAS IMAGINE/ArcGIS 立体分析模块是 LPS 系统中三维数据采集的另外一个选择。在 ERDAS IMAGINE 或 ArcGIS 平台上进行真正三维特征采集和编辑，也是完全基于 GIS 的摄影测量立体量测产品。

Image Equalizer 影像匀光器是 LPS 修正和增强影像质量非常有用的工具。可以对航空影像和不均衡的卫星影像进行匀光处理；均衡和完善单幅或多幅影像的色度；去除局部高亮点（hot-spots），晕映和变形；支持交互式或批处理工作方式。

1.2.2.4　VirtuoZo 摄影测量系统（Supresoft 适普公司）

VirtuoZo 数字摄影测量工作站是根据 ISPRS 名誉会员、中国科学院资深院士、武汉大学（原武汉测绘科技大学）教授王之卓于 1978 年提出的 "Fully Digital Automatic Mapping

System"方案进行研究，由武汉大学（原武汉测绘科技大学）教授张祖勋院士主持研究开发的成果，属世界同类产品的知名品牌之一。最初的 VirtuoZo SGI 工作站版本于 1994 年 9 月在澳大利亚黄金海岸（Gold Coast）推出，被认为是有许多创新特点的数字摄影测量工作站（Stewart Walker & Gordon Petrie，1996），1998 年由 Supresoft 推出其微机版本。VirtuoZo 系统基于 Windows 平台利用数字影像或数字化影像完成摄影测量作业，由计算机视觉（其核心是影像匹配与影像识别）代替人眼的立体量测与识别，不再需要传统的光机仪器。VirtuoZo 系统中，从原始资料、中间成果及最后产品等都是以数字形式出现的，克服了传统摄影测量只能生产单一线划图的缺点，可生产出多种数字产品，如数字高程模型、数字正射影像、数字线划图、景观图等，并提供各种工程设计所需的三维信息、各种信息系统数据库所需的空间信息。

VirtuoZo 系统包括基本数据管理模块 VBasic、全自动内定向模块 VInor、单模型相对定向与绝对定向模块 VModOri、全自动空中三角测量模块 VAAT、DEM 自动提取模块 VDEM、正射影像生产模块 VOrtho、立体数字测图模块 VDigitize、卫星影像定向模块 VRSImage 以及诸多人工交互编辑的工具，如 DEMEdit、TinEdit、OrthoEdit、OrthoMap 等。

VirtuoZo 不仅在国内已成为各测绘部门从模拟摄影测量走向数字摄影测量更新换代的主要装备，而且也被世界诸多国家和地区所采用。

在中国还有一套较为著名的数字摄影测量工作站 JX4，是由王之卓的另外一个学生中国测绘科学研究院的刘先林院士主持开发的。

本教程配套的摄影测量实习软件是 VirtuoZo，该软件界面如图 1-6 所示。

图 1-6    VirtuoZo 软件界面

## 1.3　成果整理与记录

测量资料的记录是测量成果的原始数据，十分重要。为保证测量原始数据的绝对可靠，实验时就要养成良好的职业习惯，应按照如下要求对实验过程进行记录：

（1）实验记录应和正式作业一样，必须直接填写在规定的表格上，不得转抄，更不得用零散纸张记录，再行转抄。

（2）所有记录与计算均用绘图铅笔（2H 或 3H）记载。字体应端正清晰，字体只应稍大于格子的一半，以便留出空隙作错误的更正。

（3）凡记录表格上规定应填写的项目不得空白。

（4）禁止擦拭、涂改与挖补，发现错误应在错误处用横线画去。淘汰某整个部分时可用斜线画去，不得使原字模糊不清。修改局部错误时，则将局部数字画去，将正确数字写在原数上方。

（5）所有记录的修改及观测结果的淘汰，必须在各注栏内注明原因。

（6）禁止连环更改，即已修改了平均数，则不准再改计算得此平均数的任何一原始读数，改正任一原始读数，则不准再改其平均数。假如两个读数均错误，则应重测重记。

（7）原始观测的尾部读数不准更改，如角度读数为度、分、秒，而秒读数不准涂改，应将该部分观测结果废去重测。

测量成果的整理要求：

（1）测量成果的整理与计算应在规定的印刷表格或事先画好的计算表格中进行。

（2）内业计算用钢笔书写，如计算数字有错误，可以用刀片刮去重写，或将错字画去，另写。

（3）上交计算成果应是原始记录和计算表格，所有计算均不得另行抄录。

（4）成果的记录、计算的小数取位和概算中主要项目的计算取位要按规定执行。

# 第2章 数据分析与准备

## 2.1 基础知识

### 2.1.1 航空摄影

航空摄影是指将航摄仪安置在飞机上,按照一定的技术要求对地面进行摄影的过程,它是摄影测量中最为常见的一种方法。相对于航天摄影与近景摄影,航空摄影高度为10km以下的空中,通常为3km左右。

航空摄影进行前,需要利用与航摄仪配套的飞行管理软件进行飞行计划的制订。根据飞行地区的经纬度、飞行需要的重叠度、飞行速度等,设计出最佳飞行方案,绘制航线图。在飞行中,操作人员利用飞行操作软件,对飞行进行实时监控与评估。飞行拍摄中,同时利用GPS进行实时的定位与导航。

飞行质量主要包括像片重叠度、像片倾斜角和像片旋角、航线弯曲度和航高、图像覆盖范围和分区覆盖以及控制航线等内容。

航向重叠度一般应为60% ~65%,个别最大不应大于75%,最小不小于56%。沿图幅中心线和沿旁向两相邻图幅公共图廓线敷设航线,要求实现一张像片覆盖一幅图和一张像片覆盖四幅图时,航向重叠度可加大到80% ~90%。

旁向重叠度一般应为30% ~35%,个别最小不应小于13%,最大不大于56%。沿图幅中心线和旁向两相邻图幅公共图廓线敷设航线时,要保证图廓线距像片边缘至少不少于1.5cm。

航摄仪主轴与通过物镜的铅垂线之间的夹角称为像片倾角,相邻像片的主点连线与像幅沿航线方向的两框标连线之间的夹角称为像片的旋角。像片倾斜角一般不大于2°,个别最大不大于4°。像片旋角可根据航摄比例尺及航高设定一个最大值,一般不超过8°。

航线弯曲度是指航线长度与最大弯曲度之比。航线弯曲度会影响像片的旁向重叠度,弯曲度过大还会引起航摄漏洞。航线弯曲度一般不大于3%。

为便于航测成图的接边和避免航摄漏洞,进行航空摄影时要使得到的影像超过图廓线的一部分,所以在航摄时要确保摄区边界、分区和图廓的覆盖度。

当前航空摄影主要使用数字航摄仪。其成像原理和模拟航摄仪一样,只是在记录影像的介质上有所差异。它通过电荷耦合器件(CCD)把接收到的数字影像直接记录在磁盘上。数字航摄仪主要分为两种:一种利用面阵CCD记录影像,另一种利用线阵CCD扫描记录影像。

线阵CCD航摄仪利用线阵CCD记录数据,一维像元数可以很多,总像元数比面阵CCD相机少,像元尺寸比较灵活,帧幅率高,特别适合一维动态目标的量测。其主要代表为

ADS40 数码航摄仪，能够同时提供 3 个全色与 4 个多光谱波段的数字影像，其全色波段的前视、下视与后视影像可以构成 3 对立体像对以供观测。相机上集成的 GPS 与惯性测量装置 IMU 可以为每条扫描线产生比较精确的外方位元素初值。

面阵航摄仪利用面阵 CCD 记录数据，可以获得二维图像信息，测量图像直观。然而其像元总数多，而每行的像元数一般较线阵少，帧幅率受限制。其主要代表为 DMC 与 UCD 相机。

DMC 由 Z/I 公司研制，是一种无人值守的数字航空相机系统。由 8 个独立的 CCD 相机整合为一体，4 个高分辨率全色镜头，4 个多光谱镜头。解决了单个 CCD 成像尺寸过小的问题。全色镜头获得的子影像间存在一定程度的重叠，子影像通过处理和拼接后成为模拟中心投影的虚拟影像。多光谱镜头围绕全色镜头排列，获得竖直影像，多光谱影像与全色影像的覆盖范围相同，但分辨率较低。因此，DMC 是面阵 CCD 成像，但不是严格的中心投影。

UltraCAM-D（UCD）相机具有 8 个独立物镜。通过 13 个面阵 CCD 采集影像数据，同时生成全色影像、彩色 RGB 影像和近红外 NIR 影像。其中，全色影像 9 个 CCD 到达同一位置进行曝光，将 9 个 CCD 面阵拼接，可以得到一个完整的中心投影大幅面全色影像。各 CCD 获取的影像数据根据重叠部分影像信息，消除曝光时间误差造成的影响，生成一个完整的中心投影影像。

### 2.1.2 外业调绘

外业调绘是指根据原有该地区的地图航摄影像等资料，对该地区现有地物地貌进行调查确认，查清其实际情况。并根据设计书要求，对地物地貌进行取舍新增、补测，绘制出符合要求的地形图。

目前，航摄测量的外业调绘基本采用全野外调绘。在确定调绘面积及选取调绘路线后，利用航摄像片对地形图各要素进行调绘，如对居民地、工矿设施及管道、道路、行政区、水系、植被、地貌等进行绘制。需要注意如下几点：

（1）掌握目视解译特征，做到准确地解译与描绘；

（2）掌握取舍原则，综合合理地进行取舍；

（3）掌握地物地貌的属性、数量特征和分布情况，按照图例的说明与规定，正确使用统一的符号、注记进行地物地貌的描绘。

像片上地物的构像，有各自的几何特性和物理特性，如形状、大小、色调、纹理、阴影和相互关系，根据这些特性可以识别地物的内容和实质。这些影像的特性是像片判读的依据，被称为像片的判读标志。形状、大小是目视判读的主要标志。借助色调可以帮助识别判定物体的颜色、亮度、含水量及太阳的照度和摄影材料的特性。

调绘像片要做的准备包括像片准备和调绘面积的划分。要选择影像清晰，与成图比例尺相近的像片，作业时除线性地物外，一般按像片顺序逐片调绘完成。各像片划分的调绘范围要保证调绘面积不出现漏洞和重叠。

出发前要制订调绘计划和路线，要立体观察确定调绘重点和疑难地物，调绘时要有取舍；要做到少走路而又不遗漏；"远看近判"，远观物体总体轮廓，近观察物体的准确位置。

## 2.2 数据分析

数据分析是摄影测量的前期重要环节，是否正确理解原始数据对成果的生产以及精度有着重要的影响。在此环节中，需要分析航片的分辨率、摄影比例尺、地面分解率、影像的航带关系等，同时还需要对相机文件、控制点文件、航片索引图等进行分析整理。

### 2.2.1 实习目的与要求

（1）掌握航片判读分析技能；
（2）掌握数字影像的航向重叠度、旁向重叠度、分辨率、摄影比例尺、地面分解率等重要概念；
（3）掌握相机文件、控制点文件、航片索引图等测区文件的分析方法。

### 2.2.2 实习内容

（1）分析原始数字影像的分辨率、比例尺等；
（2）分析相机检校参数及其影像方位、框标的位置等；
（3）分析地面控制点数据及其点位与分布。

### 2.2.3 实习指导

原始数字影像就是数字摄影测量所用的原始资料，有数字影像（如卫星影像）和数字化影像（如用模拟的航片经扫描而获得的影像），影像的数据格式有多种，一般常用的有 TIF、JPEG 格式等。为提高处理效率，VirtuoZo 系统通常会将数据转换为内部 Vz 格式。

1. 分析原始数字影像的分辨率、比例尺等

影像分辨率指影像上能区分图像上两个像元的最小距离。摄影比例尺指航空摄影机的主距与航高之比，所以当像片水平和地面为水平面的情况下，像片比例尺是一个常数。

2. 分析相机检校参数及其影像方位、框标的位置等

相机检校的目的是求出相机的内方位元素及相机各项畸变参数，这些都已经记录在文档中。影像框标可以分为机械框标与光学框标，框标位于影像的四角，如图 2-1 所示。根据影像框标的量测值，可以解算框幅式相机的检校参数。

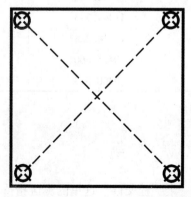

图 2-1　影像框标

3. 分析地面控制点数据及其点位与分布

地面控制点数据及其点位分布信息记录在文档中。控制点的选取应均匀，且最好分布在不同高程面上，如图2-2所示。

图 2-2 控制点分布图

控制点文件内容见表 2.1：

表 2.1 控制点文件内容

| 点号 | X | Y | Z |
|------|------|------|------|
| 1155 | 16311.749 | 12631.929 | 770.666 |
| 1156 | 14936.858 | 12482.769 | 762.349 |
| 1157 | 13561.393 | 12644.357 | 791.479 |
| 2155 | 16246.429 | 11481.730 | 811.794 |
| 2156 | 14885.665 | 11308.226 | 1016.443 |
| 2157 | 13535.400 | 11444.393 | 895.774 |
| 6155 | 16340.235 | 10314.228 | 751.178 |
| 6156 | 14947.986 | 10435.860 | 765.182 |
| 6157 | 13515.624 | 10360.523 | 944.991 |

## 2.3 数据准备

创建测区即为将要进行测量的数据创建一个工程文件。这里的测区指待处理的航空影像所对应的地面范围（或区域），一个测区一般由多个相邻的模型组成。

建立测区工程的内容主要包括：指定测区数据存储路径，设定测区参数，指定相机参数，控制点数据以及影像数据的录入等。测区各参数的设置一定要正确，否则将无法进行后续的处理。

### 2.3.1　实习目的与要求

（1）掌握创建/打开测区及测区参数的设置方法；
（2）掌握相机参数、控制点数据、影像数据的录入方法。

### 2.3.2　实习内容

（1）创建新测区，设置测区参数文件；
（2）相机参数文件的数据录入；
（3）地面控制点文件的数据录入；
（4）原始影像的数据录入。

### 2.3.3　实习指导

设置测区工程的主要流程如图 2-3 所示：

先启动数字摄影测量系统 VirtuoZo。运行软件主程序 VirtuoZo. exe，可以通过运行桌面的快捷方式，或者在软件安装的目录中运行，软件默认安装路径为 C：\ VirtuoZoEdu \ Bin，运行结果如图 2-4 所示。

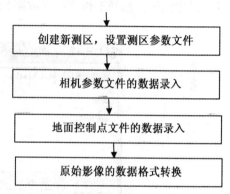

图 2-3　设置测区工程流程图

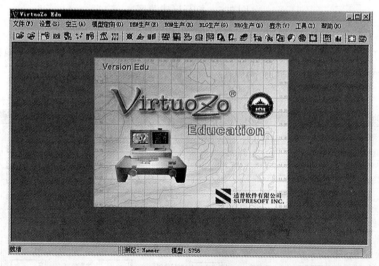

图 2-4　运行结果图

2.3.3.1　创建新测区，设置测区参数文件
选择文件菜单的"文件"，如图 2-5 所示。

图 2-5　新建或打开测区

选择"新建/打开 测区…"菜单后，若新建测区，选择路径并输入新建测区的名称。若打开已建测区，选择工程文件存放路径以及工程文件，如图 2-6 所示。

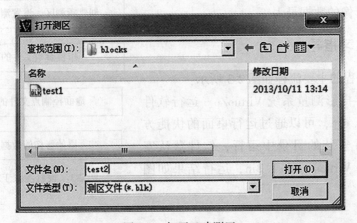

图 2-6　打开已建测区

点击"打开"按钮后，选择文件菜单的"设置"→"测区参数"，系统弹出输入工程参数界面，新建测区时，会自动弹出该界面，如图 2-7 所示。

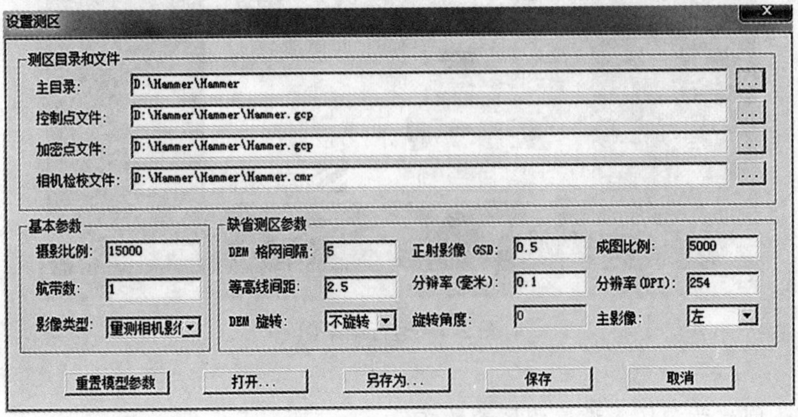

图 2-7　输入工程参数

输入正确的参数后，保存即可。

2.3.3.2 相机参数文件的数据录入

选择"设置"→"相机参数"，屏幕弹出"相机文件列表"对话框，如图2-8所示。

图2-8 相机文件列表

选中测区所用相机文件名及文件路径，点击"修改参数"按钮，弹出"相机检校参数"对话框，可以对相机参数进行修改，如图2-9所示。

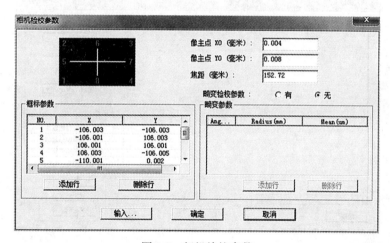

图2-9 相机检校参数

2.3.3.3 地面控制点文件的数据录入

在 VirtuoZo 主菜单中，选择"设置"→"地面控制点"，系统要求作业者输入地面控制点参数，如图2-10所示。

根据已知控制点数据资料，在输入处双击鼠标左键，将控制点数据依次填写到本界面中，之后选择"确定"按钮，将控制点参数存盘。或者点击"输入…"按钮，录入已经存在的规定格式的控制点文件。

2.3.3.4 原始影像的数据格式转换

实习所采用的原始资料是由航片经扫描而获得的数字化影像，为 JPEG 格式，要转换为

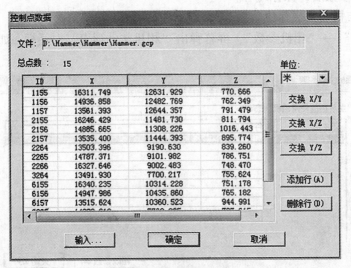

图 2-10　地面控制点数据

Vz 的格式。在 VirtuoZo 主菜单中，选择"设置"→"引入影像"，屏幕显示"输入影像"对话框，如图 2-11 所示。

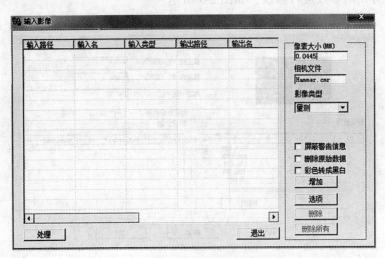

图 2-11　输入影像界面

1. 界面参数输入说明

（1）像素大小：指定影像的像素大小，Hammer 数据输入 0.0445mm。

（2）相机文件：系统默认值与测区参数中设定的值相同。

（3）影像类型：选择"量测"。

2. 按钮说明

（1）增加：添加待转换的文件，在"Hammer/ Images"目录中选择"01-155 _ 50mic. jpg"等 6 个文件，添加到当前界面中，如图 2-12 所示。（特别提示：本界面支持 Windows 拖放方式模式将影像文件用鼠标拖入。）

18

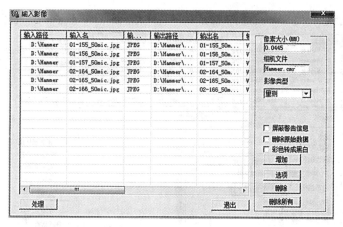

图 2-12　引入影像设置

（2）选项：设置影像转换参数。选中要转换的文件，单击"选项"按钮（若只需要修改单个文件的转换参数，可直接在文件列表中双击该文件），可进入转换选项对话框来修改输出文件的属性。

第一条航带一般为正向飞行，因此相机不需要旋转。若有多个正向飞行航带，则选中正向飞行航带的所有文件，单击"选项"按钮，再单击"输出路径"按钮，选择将选中的所有文件都输出到当前文件的输出路径上，如图 2-13 所示。

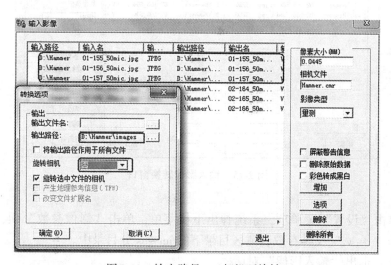

图 2-13　输出路径 1（相机不旋转）

反向飞行航带相机需要旋转，选中列表中反向飞行航带的文件，单击"选项"按钮，输出文件的属性修改后如图 2-14 所示。

最后，检查所有文件输出路径一定要在测区的 Images 目录中。输入影像转换窗口参数完成后如图 2-15 所示。

（3）处理：开始影像格式转换。系统将依次转换列表中的所有文件，并自动生成相应的影像参数文件"<影像名>. spt"。该文件记录了影像的高、宽、扫描像素大小及相机文件

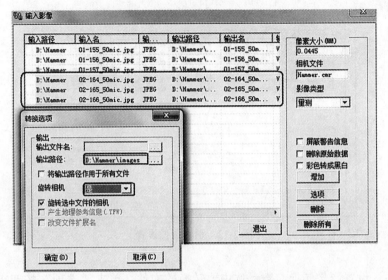

图 2-14　输出路径 2（相机旋转）

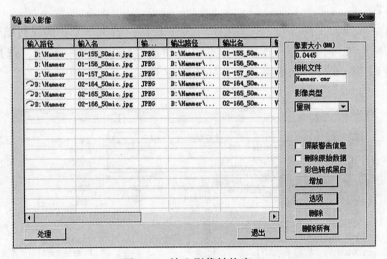

图 2-15　输入影像转换窗口

名等信息。单击"设置"菜单项，系统弹出下拉菜单，单击"影像参数"项，可依次查看信息。转后的"＊.vz"文件存放在测区目录下的 images 分目录中。

（4）退出：退出"输入影像"对话框。

# 第3章　航空影像定向实习

## 3.1　基础知识

摄影测量的基本原理来自测量的交会方法，测量的前方交会原理如图3-1所示：在空间物体前面的两个已知位置（称为测站）放置两台经纬仪，利用望远镜分别在测站1、2照准同一个点（$A$），这样就可以根据两个已知测站的坐标（$X_1$，$Y_1$，$Z_1$；$X_2$，$Y_2$，$Z_2$）与在两个测站所测得的水平角、垂直角（$\alpha_1$、$\beta_1$；$\alpha_2$、$\beta_2$），求得到点$A$的坐标（$X$，$Y$，$Z$）。

摄影测量的前方交会原理如图3-2所示，$S_1$、$S_2$为左、右摄站，$p_1$、$p_2$为摄取的左、右影像，$a_1$、$a_2$为左、右影像上的同名点。通过像点（如$a_1$点）也能获得摄影光线$S_1a_1$的水平角、垂直角$\alpha$、$\beta$。因此它与经纬仪一样，利用两张影像进行前方交会，如直线$S_1a_1$与$S_2a_2$交会于一个空间点$A$，获得其空间坐标（$X$，$Y$，$Z$）。

由于左、右影像是同一个空间物体的投影，因此利用影像上任意一对同名点都能交会得到一个对应空间点，例如，图3-2中对$a_1$、$a_2$点进行量测、交会，也能得到空间点$B$的坐标。为了利用投影光线进行交会必须恢复摄影时影像上每一条投影光线（直线）在空间中的位置与方向，这就必须引入摄影机的内、外方位元素。

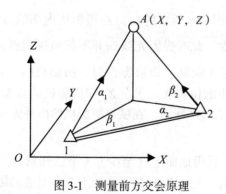

图3-1　测量前方交会原理

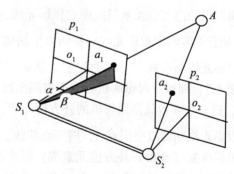

图3-2　摄影测量的交会

### 3.1.1　摄影机的内方位元素

从几何上理解摄影机是一个四棱锥体，其顶点就是摄影机物镜的中心$S$，其底面就是摄影机的成像平面（影像），如图3-3所示。摄影中心到成像面的距离，称为摄影机的焦距$f$，摄影中心到成像面的垂足$o$，称为像主点，$So$称为摄影机的主光轴。像主点离影像中心点的位置$x_0$、$y_0$确定了像主点在影像上的位置。$f$、$x_0$、$y_0$一起被称为摄影机的内方位元素。

内方位元素可以通过摄影机检校（计算机视觉中称为标定）获得，测量专用的摄影机在出厂前由工厂对摄影机进行过检校，其内方位元素是已知的，故称为量测摄影机，否则称为非量测摄影机。

作为量测的光学摄影机还有一个很重要的标准，即在被摄的影像上有标记（称为框标），一般有 4 或 8 个，如图 3-4 所示，对角框标中心的连线的交点就表示影像的中心。因此，在摄影测量生产的过程中，对准框标是很重要的步骤，它被称为内定向。

对于数码摄影机，其成像平面上是 CCD 元件的规则排列，一个 CCD 元件就是一个成像的单元，称为像元（pixel），如图 3-5 所示。卫星影像的"地面分辨率"就是一个像元所对应地面的大小，因此地面分辨率越小，影像的分辨率越高。

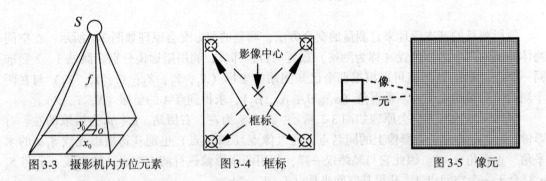

图 3-3　摄影机内方位元素　　　　图 3-4　框标　　　　　　　　图 3-5　像元

由于在加工、安装的过程中，摄影机的物镜存在一定的误差，使得物方平面上的直线的成像不是直线，这种误差称为物镜的畸变差。用于测量的摄影机，其检校必须考虑同时测定畸变差参数。一般量测摄影机的畸变差较小，非量测摄影机的畸变差较大。

## 3.1.2　摄影机的外方位元素

摄影机的内方位元素只能确定摄影光线（如图 3-6 所示的 $\overline{Sa}$）在摄影机内部的方位 $\alpha$、$\beta$，但是它不能确定投影光线 $\overline{Sa}$ 在物方空间的位置，此时投影光线 $\overline{Sa}$ 并不指向空间点 $A$。欲确定投影光线 $\overline{Sa}$ 在物方空间的位置，就必须确定（恢复）摄取影像时，摄影机的"位置"与"姿态"，即摄影时摄影机在物方空间坐标系中的位置 $X_S$、$Y_S$、$Z_S$ 和摄影机的姿态角 $\varphi$、$\omega$、$\kappa$，这 6 个参数就是摄影机的外方位元素，如图 3-7 所示。在恢复摄影机的内外方位元素后，投影光线 $\overline{Sa}$ 通过空间点 $A$，即三点共线。

怎样恢复（获得）外方位元素呢？摄影测量利用地面上（至少）3 个已知点 $A$、$B$、$C$ 的大地坐标 $(X_A$、$Y_A$、$Z_A)$、$(X_B$、$Y_B$、$Z_B)$、$(X_C$、$Y_C$、$Z_C)$ 与其影像上 3 个对应的影像点 $a$、$b$、$c$ 的影像坐标 $(x_a$、$y_a)$，$(x_b$、$y_b)$，$(x_c$、$y_c)$，就能求解影像的外方位元素，这也就是空间后方交会，如图 3-8 所示。由于每个点可以列出两个共线方程，3 个已知点可以列出 6 个方程，因此可以解得 6 个外方位元素 $X_S$、$Y_S$、$Z_S$、$\varphi$、$\omega$、$\kappa$。由于测量误差，进行空间后方交会时一般地面已知控制点应该多于 4 个，然后采用最小二乘法平差求解 6 个外方位元素。

但是如何对每张影像获得多于 4 个控制点呢？最简单的方法是直接在地面上对每张影像测定 4 个控制点，这称为全野外布点，显然这是一个十分费时、费力的方法。摄影测量还可以用其他方法，例如：

22

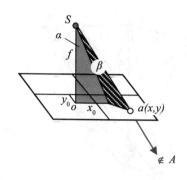

图 3-6　内方位元素的作用

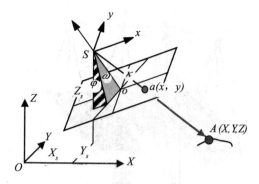

图 3-7　摄影机的外方位元素

（1）独立模型的相对定向与绝对定向；
（2）空中三角测量与区域网平差；
（3）摄影过程中直接获取。

### 3.1.3　空中三角测量

对测绘工作而言，摄影测量可分为外业工作与内业工作两大部分。外业工作包括控制点测量与对地物进行调绘；内业工作包括空中三角测量、正射纠正、测图等流程，其中，空中三角测量是摄影测量的一个重要环节，通过空中三角测量可以节省大量的外业控制工作。

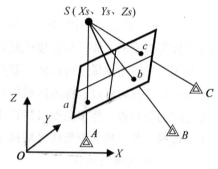

图 3-8　空间后方交会

尽量减少野外测量（如测量控制点）工作是摄影测量的一个永恒主题。通过上述摄影测量原理可知，摄影测量可以通过摄影获得的影像，在室内模型上测点，代替野外测量。但是，摄影测量不能离开野外实地的测量工作。例如，一张影像需要 4 个控制点进行空间后方交会，恢复一张影像的外方位元素；一个立体像对（两张影像）通过相对定向与绝对定向，也需要 4 个控制点，恢复两张影像的外方位元素。能否整个区域（几十张，甚至几百张影像）也只用少量的外业实测控制点，确定全部影像的外方位元素？这就是空中三角测量与区域网平差的基本出发点：利用少量的外业实测的控制点确定全部影像的外方位元素，加密测图所需的控制点。

航带法空中三角测量主要由相对定向、模型连接、航带自由网的绝对定向与误差改正等部分组成。由前述可知，若左边的影像不动，通过连续相对定向可以确定右影像相对于左影像的相对位置。人们可以利用连续相对定向一直进行下去，将整个航带中的影像都进行连续相对定向。

但是由于相对定向只考虑地面模型的建立，并不考虑模型的大小（比例尺），相邻模型之间的比例尺并不一致，如图 3-9 所示，模型 2 的比例尺小于模型 1，模型 3 的比例尺大于模型 2，如何统一模型的比例尺，这就是模型连接，如图 3-10 所示。

一般航空摄影沿航向的重叠为 60%，从而它确保连续 3 张影像具有 20% 的三度重叠区，

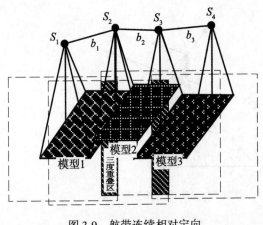

图 3-9　航带连续相对定向　　　　　　图 3-10　模型连接

如图 3-9 所示，即在该范围内的地面点可同时出现在 3 张影像上，其目的就是为了将由相邻两张影像所构成的立体模型连接成航带模型。

利用空中三角测量进行加密控制点，一般不是按一条航带进行，而是按若干条航带构成的区域进行，其解算过程称为区域网平差，它的基本过程为：①构成航带的自由网；②利用航带之间的公共点，将多条航带拼接成区域自由网；③区域网平差。区域网平差有几种：航带法区域网平差；独立模型法区域网平差；光束法区域网平差。

1. 航带法区域网平差

航带法区域网平差是以航带为单位，利用航带之间旁向重叠区内的公共点（其物方空间坐标应该相等）与外业控制点，进行整体求解每条航带的非线性改正参数，如图 3-11 所示。

2. 独立模型法区域网平差

独立模型法区域网平差是以模型为单位，利用每个模型与所有相邻模型重叠区内（航向、旁向）的公共点、外业控制点，进行整体求解每模型 7 个绝对方位元素，如图 3-12 所示。

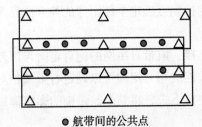

● 航带间的公共点
图 3-11　航带法区域网平差

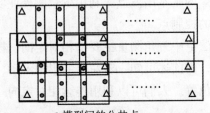

● 模型间的公共点
图 3-12　独立模型法区域网平差

3. 光束法区域网平差

光束法区域网平差是以影像为单位，利用每个影像与所有相邻影像重叠区内（航向、旁向）的公共点、外业控制点，进行整体求解每张影像的 6 个外方位元素。每个摄影中心与影像上观测的像点的连线就像一束光线，如图 3-13 所示，光束法平差由此而得名。

光束法平差，其理论最为严密，而且很容易引入各种辅助数据（特别是由 GPS 获得的摄影中心坐标数据等）、各种约束条件进行严密平差。随着计算机存储空间迅速扩大，运算速度的提高，光束法平差已成为最广泛应用的区域网平差方法。航带法平差常被用于获得光束法平差的初值，以及精度要求不高的情况。

### 3.1.4 核线影像

核线在摄影测量中是一个重要概念，但是在模拟、解析摄影测量时代从来没有实用意义，而在数字摄影测量中它变得非常重要，它在计算机视觉中也得到了广泛应用（称为极线）。如图 3-14 所示，其定义为通过基线 $B$ 的平面（称为核面）与影像的交线，称为核线。不同的核面与影像有不同的交线，同一核面与左、右影像的交线为同名核线。在左、右影像上所有的核线分别交于一点，即基线 $B$ 与影像的交点称为核点，如图 3-14 中的 $v_2$。显然，任意一个地面点 $A$ 一定位于通过该点的核面与影像的交线（同名核线）上。由此，得到一个重要的结论：在已知同名核线的条件下，影像匹配（搜索同名点）的问题就由二维（平面）匹配转化为一维（直线）匹配。

按核线排列所获得的影像称为核线影像，由于在核线影像上没有上下视差，因此，在 DPW 中获得广泛的应用。

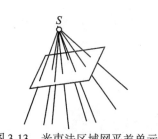

图 3-13　光束法区域网平差单元

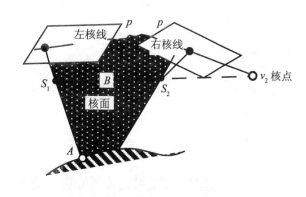

图 3-14　核面、核线与核点

## 3.2　内　定　向

内定向指框标自动识别与定位。利用框标检校坐标与定位坐标计算扫描坐标系与像片坐标系间的变换参数。

内定向问题需要借助影像的框标来解决。胶片航摄仪一般都具有 4～8 个框标。位于影像四边中央的为机械框标，位于影像四角的为光学框标，它们一般均对称分布。为了进行内定向，必须量测影像上框标点的影像坐标或扫描坐标。然后根据量测相机的检定结果所提供的框标理论坐标（传统摄影测量中也用框标距理论值），用解析计算的方法进行内定向，从而获得所量测各点的影像坐标。

### 3.2.1　实习目的与要求

（1）了解立体模型的建立方法及过程；

（2）掌握内定向原理以及在实践中的应用；

（3）熟练地应用内定向模块进行作业，成果满足内定向生产精度要求。

### 3.2.2　实习内容

（1）创建新的模型；

（2）建立框标模板；

（3）左影像内定向；

（4）右影像内定向，查看内定向精度。

### 3.2.3　实习指导

内定向流程如图 3-15 所示。

3.2.3.1　新建/打开模型

在 VirtuoZo 界面上，单击"文件"→"新建/打开测区"菜单项，系统弹出"新建/打开测区"对话框，可以选择打开上一章节已建立的测区，也可以根据自己的需要建立新的测区。

在 VirtuoZo 界面上，单击"文件"→"新建/打开模型"菜单项，系统弹出"打开或创建一个模型"对话框，若新建模型，选择路径并输入新建模型的名称，若打开已建模型，选择模型文件存放路径以及模型文件，如图 3-16 所示。

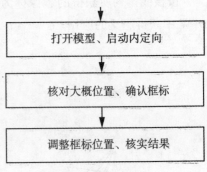

图 3-15　内定向流程

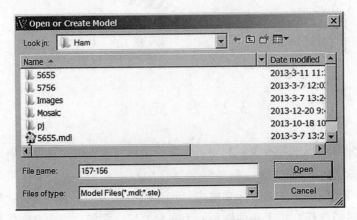

图 3-16　打开或创建一个模型

26

若新建模型，点击"打开"按钮以后，会弹出"设置模型参数"对话框，如图3-17所示，并选择左右影像的路径。

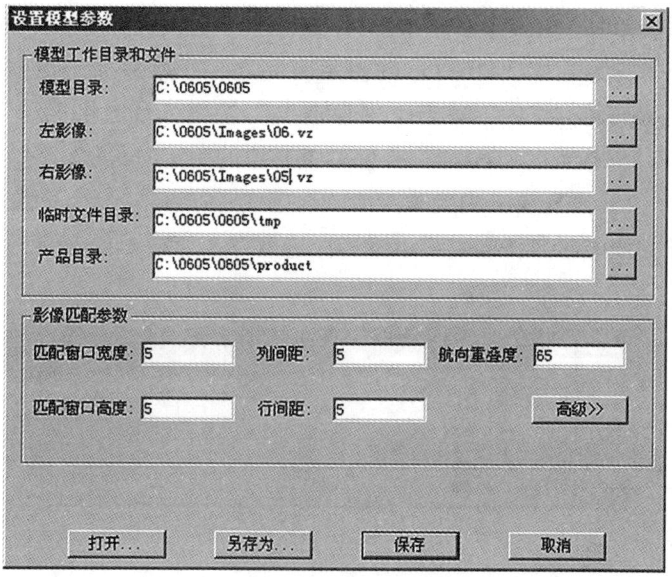

图3-17　设置模型参数

3.2.3.2　建立框标模板

不同型号的相机有着不同的框标模板。一般一个测区使用同一个相机摄影，所以只需在测区内选择一个模型建立框标模板并进行内定向，其他模型不再需要重新建立框标模板，即可直接进行内定向处理。若一个测区中存在着使用多个相机的情况，则需要在当前测区目录中建立多个相机参数文件，在做内定向处理时，系统会自动建立多个框标模板。

打开或新建某测区的某一模型后，在VirtuoZo界面上单击"模型定向"→"影像内定向"菜单项，系统弹出建立框标模板界面，如图3-18所示。

图3-18　建立框标模板

左边的"内定向/近似值"窗口显示了当前模型的左影像,其四角或四边上的框标都被小白框围住。右边的"基准显示"窗口显示了某框标的放大影像。若小白框没有围住框标,则可在框标上单击,小白框将自动围住框标。调整小白框的位置,尽量使框标位于小白框的中心位置。当所有的框标均位于小白框的中心后,单击"接受"按钮,系统自动对框标进行定位。此时,系统弹出如图 3-20 所示的内定向界面,在此界面中对框标定位进行调整,直至所有的框标定位准确,然后,单击"保存退出"按钮,系统将自动生成框标模板文件" \ bin \ MASK. DIR \ <相机名>_msk",并保存该影像的内定向参数。

### 3.2.3.3 左影像（右影像）内定向

首先,系统开始读入影像,同时显示读影像进度条,如图 3-19 所示。

图 3-19 内定向开始

影像读入后,系统将弹出内定向窗口,如图 3-20 所示。

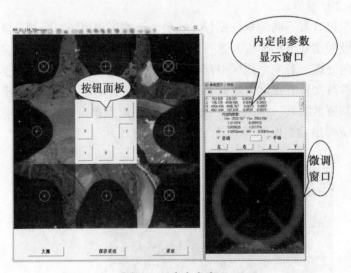

图 3-20 内定向窗口

1. 窗口说明

（1）按钮面板：位于左边窗口的中心。每个方块按钮对应一个框标。单击其中任一按钮,在右边微调窗口中将放大显示其对应的框标影像。

（2）框标影像窗口：位于按钮面板的四周,每个小窗口显示一个框标。

（3）"IO 参数显示/修改"窗口：位于屏幕右边,可在此微调框标位置。上半部的参数显示窗用来显示各框标的像素坐标、残差（以毫米为单位）、内定向变换矩阵和中误差。下半部的微调窗口放大显示当前框标的影像。

2. 按钮说明

（1）左、右、上、下：人工微调当前框标的位置，分别向左、右、上、下方向移动。

（2）大概：如果寻找框标失败，即只要有一个框标找不到，则需单击"大概"按钮，重新进入如图 3-21 所示的框标模板界面，重新给定框标的近似位置。

（3）保存退出：满足要求后，单击此按钮保存内定向参数，退出内定向模块。

（4）退出：不存盘直接退出内定向模块。

3. 选项说明

（1）自动：选中该选项，在框标影像窗口的框标中心附近单击，则系统自动将小十字丝对准框标中心，此时参数窗口中的数据将随之改变。若十字丝与框标中心存在偏差，可单击"左"、"右"、"上"、"下"按钮进行微调。

（2）手动：若自动定位框标失败，则可选中该选项，采用人工调整的方式精确对准框标中心。单击"左"、"右"、"上"、"下"按钮来微调小十字丝，使之精确对准框标中心。

注意，对于已做过内定向处理的模型，当在 VirtuoZo 界面上单击"模型定向"→"影像内定向"菜单项时，系统会弹出上次的内定向处理结果并询问是否重新进行内定向处理，如图 3-21 所示。

图 3-21　内定向结果

若对此结果满意，则单击"否"按钮退出内定向。如果对结果不满意，则单击"是"按钮重新进行内定向处理。

## 3.3 单模型相对定向

确定一个立体像对两张影像的相对位置称为相对定向，它用于建立地面立体模型。相对定向的唯一标准是两张影像上同名点的投影光线对对相交，所有同名点的交点集合构成了地面的几何模型（简称地面模型），确定两张影像的相对位置的元素称为相对定向元素。

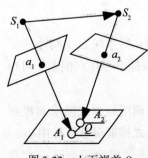

图 3-22  上下视差 Q

在没有恢复两张相邻影像的相对位置之前，同名点的投影光线 $S_1a_1$、$S_2a_2$ 在空间不相交，投影点 $A_1$、$A_2$ 与在 $Y$ 方向的距离 $Q$ 称为上下视差，如图 3-22 所示。因此，是否存在上下视差被视为相对定向的标准。

相对定向确定两张影像的相对位置，而不顾及它们的绝对位置，如图 3-23（a）的基线是水平的，图 3-23（b）的基线是不水平的，但是它们都正确地恢复了两张影像的相对位置。一般确定两张影像的相对位置有两种方法，①将摄影基线固定水平，称为独立像对相对定向系统；②将左影像置平（或将其位置固定不变），称为连续像对定向系统。

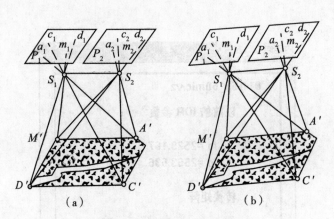

(a)  (b)

图 3-23  两张影像的相对位置

相对定位元素有 5 个，例如，连续像对相对定位元素为：2 个基线分量 $bX$、$bY$ 与右影像的 3 个姿态角 $\varphi_2$、$\omega_2$、$\kappa_2$，因此最少需要量测 5 个点的上下视差。在模拟、解析测图仪上利用如图 3-24 所示的 6 个点位的上下视差进行相对定向。在数字摄影测量系统中，它用计算机的影像匹配替代人的眼睛识别同名点，极大地提高了观测速度，因此，DPW 的相对定向所用的点数远远超过 6 个点。

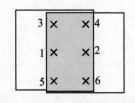

图 3-24  相对定向点位

### 3.3.1  实习目的与要求

（1）了解相对定向的流程；
（2）利用二维相关，自动在相邻影像上识别同名点（几十至上百个点）；

（3）对相对定向点进行删除或调整，计算相对定向参数并分析其精度。

### 3.3.2　实习内容

（1）自动匹配相对定向点；
（2）删除或补充相对定向点完成相对定向；
（3）分析自动相对定向的定向精度。

### 3.3.3　实习指导

相对定向流程如图 3-25 所示。

3.3.3.1　启动相对定向

在 VirtuoZo 界面中单击"模型定向"→"模型定向"菜单项，系统读入当前模型的左右影像数据。相对定向界面如图 3-26 所示。

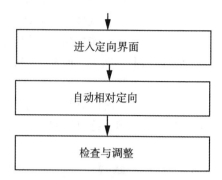

图 3-25　相对定向流程图

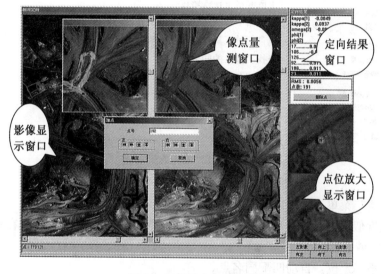

图 3-26　相对定向主界面

1. 窗口说明

（1）影像显示窗口：最左边为左影像窗口，显示当前模型的左影像；左影像窗口的右边为右影像窗口，显示当前模型的右影像。

（2）像点量测窗口：半自动像点量测时，系统自动弹出像点量测窗口，分别叠于左、右影像窗口上。像点量测窗口显示当前量测点位置的放大影像，用户可在像点量测窗口中直接单击调整点位。

（3）点位放大显示窗口：位于屏幕的右下部。分别放大显示左、右影像上的当前点点位，用于点位的精确微调。

（4）定向结果窗口：位于主窗口右上部。显示当前模型的相对定向参数，包括各匹配点的点号和上下视差（按视差由小到大的顺序排列），相对定向点的总数和中误差（单位为毫米）。

2. 按钮说明

（1）删除点：删除当前选中的点。

（2）左影像：选择对左影像上的点位进行微调。

（3）右影像：选择对右影像上的点位进行微调。

（4）向上、向下、向左、向右：人工微调点位。

3. 鼠标右键菜单

在影像显示窗口中单击鼠标右键，系统弹出右键菜单，用户需通过该菜单完成一系列操作（如相对定向、绝对定向等），如图3-27所示。

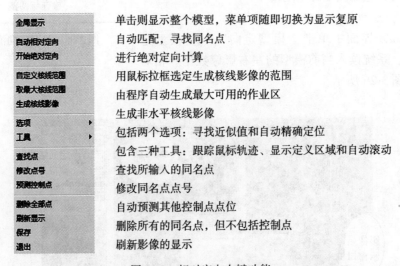

| 全局显示 | 单击则显示整个模型，菜单项随即切换为显示复原 |
| 自动相对定向 | 自动匹配，寻找同名点 |
| 开始绝对定向 | 进行绝对定向计算 |
| 自定义核线范围 | 用鼠标拉框选定生成核线影像的范围 |
| 取最大核线范围 | 由程序自动生成最大可用的作业区 |
| 生成核线影像 | 生成非水平核线影像 |
| 选项 ▶ | 包括两个选项：寻找近似值和自动精确定位 |
| 工具 ▶ | 包含三种工具：跟踪鼠标轨迹、显示定义区域和自动滚动 |
| 查找点 | 查找所输入的同名点 |
| 修改点号 | 修改同名点点号 |
| 预测控制点 | 自动预测其他控制点点位 |
| 删除全部点 | 删除所有的同名点，但不包括控制点 |
| 刷新显示 | 刷新影像的显示 |
| 保存 | |
| 退出 | |

图3-27 相对定向右键功能

单击"选项"菜单，弹出以下菜单项：

（1）寻找近似值位置：自动寻找同名点的近似位置。选中该菜单项，在量测窗口中会显示该点附近区域的影像。

（2）自动精确定位：自动匹配同名点。

单击"工具"菜单，弹出以下菜单项：

（1）跟踪鼠标轨迹：鼠标在影像显示窗移动时，在主窗口右边的点位放大显示窗口中放大显示鼠标位置附近的影像。

（2）显示定义区域：用绿线显示所定义的工作区。

（3）自动滚动：自动把影像显示窗的中心调整到当前点位。

另外，在点位放大显示窗口中单击鼠标右键，系统弹出右键菜单，如图3-28所示。

### 3.3.3.2 量测同名点

对于非量测相机获取的影像对，由于左右影像重叠区域的投影变形较大，在自动相对定向之前一般要量测1对同名点（点位应选在左、右影像重叠部分左上角位置的附近）。若当前模型的影像质量比较差，则需量测3~5对同名点（点位均匀分布），以保证可靠地完成自动相对定向。对于航空影像，一般不需要这一操作，可直接进行自动相对定向。

（1）量测同名点有两种方式：人工方式和半自动方式。

人工量测时，首先应确认鼠标右键菜单选项菜单项下的子菜单项全都处于未选中状态，

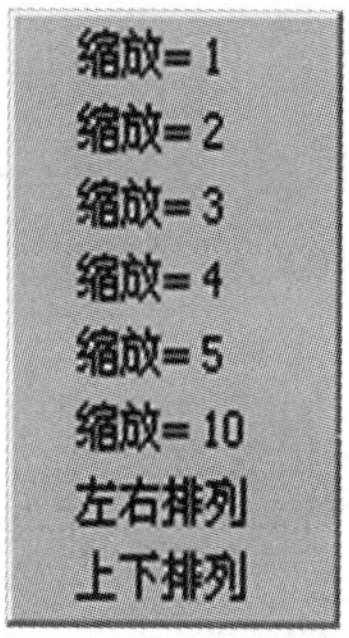

| | |
|---|---|
| 缩放=1 | 以相同的比例显示像点量测窗中的影像 |
| 缩放=2 | 将像点量测窗中的影像放大2倍显示 |
| 缩放=3 | 将像点量测窗中的影像放大3倍显示 |
| 缩放=4 | 将像点量测窗中的影像放大4倍显示 |
| 缩放=5 | 将像点量测窗中的影像放大5倍显示 |
| 缩放=10 | 将像点量测窗中的影像放大10倍显示 |
| 左右排列 | 将放大显示窗口以左右排列的方式显示 |
| 上下排列 | 将放大显示窗口以上下排列的方式显示 |

图 3-28　缩放功能

然后分别量测同名点的左、右像点坐标。具体步骤为：

①拖动左影像（或右影像）窗口的滚动条，找到所要量测的点，并在其上单击左键，此时系统弹出像点量测窗，放大显示该点点位及其周边的原始影像。

②在像点量测窗中单击要量测的点的准确点位，则该点的像点坐标即被量测。系统用红色十字丝在影像上显示该点。

在另一影像上重复上述步骤，量测对应的同名点。

半自动方式就是利用系统所提供的"寻找近似值"和"自动精确定位"功能，进行点位的查找和选择（这两项功能均为系统缺省提供功能，用户可根据实际情况进行选择）。量测时，先由人工量测某个点在左影像（或右影像）上的像点坐标，再由系统自动量测该点在另一影像上的同名点。例如，图 3-29 为在左影像上量测一个点。

图 3-29　相对定向选点

选中"寻找近似值"菜单项，则当人工量测了某个点在左（右）影像上的像点坐标后，系统会自动找到该点在右（左）影像上的同名点的近似位置，并弹出像点量测窗，再在像点量测窗口中量测该点的同名点。例如，在图 3-29 的左影像的像点量测窗口中量测像点后，会自动弹出右影像的像点量测窗口，如图 3-30 所示，继续在右影像的量测窗口量测同名点后，弹出输入点号对话框，如图 3-31 所示，即可完成同名像点的量测。

图 3-30　相对定向精选点

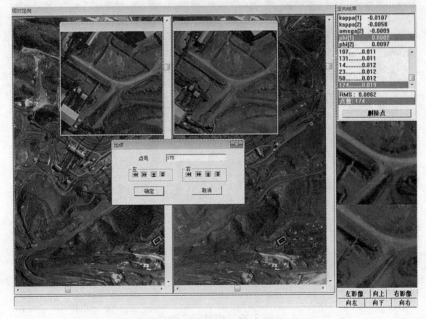

图 3-31　相对定向输入点号

若选中"自动精确定位"菜单项,则当人工量测了某个点的左(右)影像的像点坐标后,系统会自动找到该点在右(左)影像上的同名点的准确位置,此时就不必再人工找点了。例如,在图 3-29 的左影像的像点量测窗口中量测像点后,系统自动找到右影像的同名点,弹出右影像的像点量测窗口和输入点号对话框,直接确定即可完成同名像点的量测,如图 3-32 所示。

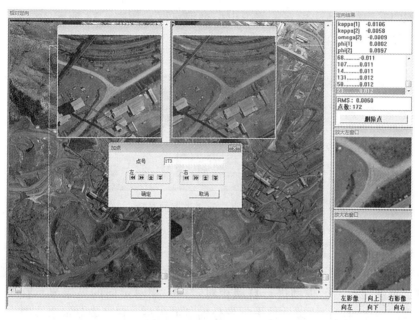

图 3-32　相对定向点确认

可根据实际情况灵活选择量测方式:人工方式或半自动方式。当点位在左、右影像上都很清晰时,选中"自动精确定位"菜单项;当点位在左、右影像上不很清晰时,若选中"自动精确定位"菜单项后,系统处理失败,则再选中"寻找近似值"菜单项;当点位在左、右影像上很不清晰时,若选中"寻找近似值"选项后,系统处理失败,则再以"人工方式"进行量测。

注意,如果在量测时对当前的点位不满意,可以按下 ESC 键取消量测。

(2)输入点号:完成了某同名点的量测后,系统弹出"加点"对话框,如图 3-33 所示。

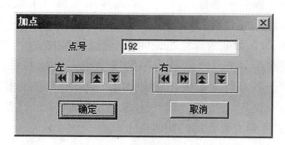

图 3-33　输入点号

如果已精确量测当前点在左、右影像上的点位，则在点号文本框中输入点号，单击"确定"按钮后，即增加了一对同名点。

如果当前点在左、右影像上的点位还需精确调整，用户可在像点量测窗中直接单击调整点位；也可单击加点对话框中的微调按钮箭头，以像素为单位调整当前点点位；或者单击"确定"按钮退出加点对话框，在定向结果窗中选中要调整的点，然后使用点位放大显示窗中的"向上"、"向下"、"向左"、"向右"微调按钮进行微调。

若同名点的匹配结果太差，系统将弹出一个消息框，如图3-34所示。单击"确定"按钮取消添加操作。

图3-34　点位质量太差消息框

### 3.3.3.3　自动相对定向

在影像窗口中单击鼠标右键，系统弹出右键菜单，如图3-27所示，单击"自动相对定向"菜单项，系统将对当前模型进行自动相对定向。相对定向的结果显示在"定向结果"窗口中，所有同名点的点位均以红色十字丝分别显示在左、右影像显示窗口中。

### 3.3.3.4　检查与调整

定向结果窗显示了所有同名点的点号和误差。系统按误差大小排列点号，即误差最大的点排在最下面。定向结果窗的底部显示了相对定向的中误差（RMS）和点的总数。用户可在此窗口中检查当前模型的自动相对定向精度，并选择不符合精度要求的点，对其点位进行调整或直接删除。

1. 选点

有如下三种选点方式：

（1）在"定向结果"窗口中选择点。拉动"定向结果"窗口中的滚动条找到要选的点号，单击该行使之变为深蓝色。此时，"影像显示"窗口中该点的点位十字丝由红色变为淡蓝色，同时，"点位放大显示"窗口中显示该点影像。

（2）在"影像显示"窗口中选择点。在"影像显示"窗口中找到要选的点，单击鼠标中键（或按下Shift键同时单击鼠标左键）。此时，该点的点位十字丝由红色变为淡蓝色，"定向结果"窗口中该点所在行变为深蓝色，同时，"点位放大显示"窗口中显示该点影像。

（3）输入点号查询该点。在"影像显示"窗口中单击鼠标右键，系统弹出右键菜单，如图3-27所示，单击"查找点"菜单项，系统弹出"查找点"对话框，如图3-35所示。输入要查询的点号，单击"确定"按钮，则"影像显示"窗口、"点位放大显示"窗口和"定向结果"窗口都将定位到所要查询的同名点上。

2. 删除点

选中同名点后，单击"定向结果"窗口下的"删除点"按钮，即可删除该点。

图 3-35　查找相对定向点

### 3. 增加点

增加点操作请参照本节 3.3.3.2 量测同名点。

调整过程中，"定向结果"窗口中的计算结果会随点位的改变实时变化。应精确调整点位，保证左、右像点确实是同名点。

### 4. 微调点

选中要微调的点后，在点位放大窗口中显示该点的放大图，分别选择界面右下方的"左影像"或"右影像"按钮，然后对应按钮上方的两个点位影像放大窗口中的十字丝，分别点击"向上"、"向下"、"向左"、"向右"按钮，使左、右影像的十字丝中心位于同一影像点上。

## 3.4　单模型绝对定向

相对定向完成了几何模型的建立，但是它所建立的模型大小不一定与真实模型一样，坐标原点是任意的，模型的坐标系与地面坐标系也不一致。为了使所建立的模型能与地面一致，还需利用控制点对立体模型进行绝对定向。绝对定向是对相对定向所建立的模型进行平移、旋转和缩放，如图 3-36 所示。

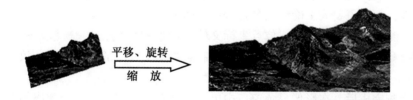

图 3-36　对模型进行绝对定向

绝对定向元素共有 7 个：$X_G$、$Y_G$、$Z_G$、$\Phi$、$\Omega$、$K$、$\lambda$，其中，$X_G$、$Y_G$、$Z_G$ 为模型坐标系的平移；$\Phi$、$\Omega$、$K$ 为模型坐标系的旋转；$\lambda$ 为模型的比例尺缩放系数。

通过相对定向（5 个元素）建立立体模型，以及立体模型的绝对定向（7 个元素），恢复的立体模型的绝对方位，使模型与地面坐标系一致，当然也就恢复了两张影像的外方位元素（$2\times6=5+7=12$ 个外方位元素），因此通过相对定向加上绝对定向与两张影像分别进行后方交会，恢复两张影像的外方位元素，两者是一致的。

### 3.4.1　实习目的与要求

（1）了解绝对定向的流程；

（2）人工在左（或右）影像上定位控制点，计算绝对定向参数；

（3）对定位控制点进行调整，分析绝对定向的精度变化。

### 3.4.2　实习内容

（1）全人工加外业控制点；

（2）精调外业控制点完成绝对定向；

（3）比较不同数目控制点对绝对定向的影响。

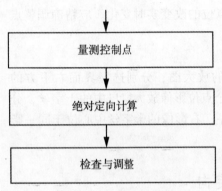

图 3-37　绝对定向流程图

### 3.4.3　实习指导

绝对定向流程如图 3-37 所示。

#### 3.4.3.1　启动绝对定向

在 VirtuoZo 主界面上，单击"模型定向"→"模型定向"菜单项，系统读入当前模型的左右影像数据，绝对定向与相对定向是在同一个界面下进行的，控制点的量测过程与相对定向点的量测过程一样，仅仅是点名变为控制点名称。

#### 3.4.3.2　量测控制点

控制点的量测方法与相对定向中同名点的量测方法相同，详情请参见 3.3.3.2 节中量测同名点的部分，但在影像显示窗口中控制点的点位是以黄色十字丝显示的。

VirtuoZo 提供了预测控制点的功能：量测了 3 个控制点后，系统将用小蓝圈标示出当前模型中其他待测控制点的近似位置，用户只需选择小蓝圈中心，就能定位到控制点周围，然后在放大窗口中选择正确的点位即可。此外，预测的控制点的点名已经自动填入对话框内，无需手动输入，而仅需要人工确认点名是否正确即可。

控制点量测完成后，系统生成像点坐标文件 "<模型目录名> \ <模型名>.pcf"。

注意，量测后，输入的控制点的点号与控制点数据文件中的点号必须一致。

#### 3.4.3.3　绝对定向计算

控制点量测完成后，在影像显示窗口中单击鼠标右键，然后在系统弹出的右键菜单中单击"开始绝对定向"菜单项，则系统开始进行绝对定向计算，绝对定向完成后，系统将弹出"调准控制"对话框（用于调整控制点点位）和"定向结果"窗口（用于显示影像的旋转角、各控制点的残差和中误差），分别如图 3-38 和图 3-39 所示。

#### 3.4.3.4　检查与调整

"定向结果"窗口的中间部分显示了每个控制点的点号、平面位置的残差和高程残差，窗口的底部显示控制点的总数及平面（$X$，$Y$）、高程（$Z$）的中误差。若绝对定向结果不满足精度要求，则可对控制点进行检查与调整。

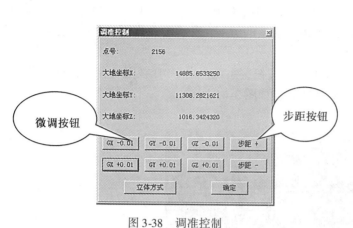

图 3-38　调准控制

定向结果

| kappa[1] | -0.0106 |
| kappa[2] | -0.0058 |
| omega[2] | -0.0009 |
| phi[1] | -0.0000 |
| phi[2] | 0.0096 |

| 59.........-0.007 |
| 46.........-0.007 |
| 19.........0.007 |
| 58.........0.007 |
| 63.........0.007 |
| 97.........-0.007 |

RMS：0.0038
点数：102

删除点

图 3-39　定向结果

### 1. 检查控制点坐标数据

对误差很大的点可按以下方法检查该点坐标数据是否输错：在"定向结果"窗口中单击该控制点，在"调准控制"对话框中立即显示该控制点的坐标信息。查看其坐标数据是否错误，若有误则需退出模型定向界面，在 VirtuoZo 界面上单击"设置"→"地面控制点"菜单项，编辑控制点数据，或者打开控制点文本文件，对照原始控制资料检查修改，然后再重新进行绝对定向计算。

### 2. 删除或增加控制点

对于点位错误的点，应先将其删除，然后再重新量测。具体步骤请参见 3.3.3.2 节"量测同名点"和 3.3.3.4 节"检查与调整"中的删除点操作。

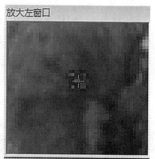

完成删除或增加控制点后，再进行绝对定向计算，并检查绝对定向结果。

### 3. 微调控制点

查看"定向结果"窗口中的控制点残差，对不满足精度要求的控制点进行微调，微调的方式有两种：一种是直接微调像点坐标；另一种是地面坐标调整，即通过调准控制面板，调整物方值反算像方位置。特别注意，无论采用哪种调整，判断点位是否正确的唯一标准是看点位图的点位置是否在控制点的真实位置上，因此一定要看点位，千万不能只看点位残差。

1）微调像点坐标

选中要调整的控制点，再单击"相对定向"界面右下角的"左影像"按钮或"右影像"按钮，然后单击"向上"、"向下"、"向左"、"向右"按钮，参照点位放大显示窗中显示的点位进行调整，图 3-40 为放大窗口。

2）调准控制说明

图 3-40　放大窗口

微调按钮：6 个微调按钮分别用于使控制点点位在 $X$、$Y$、$Z$

方向上的移动。微调按钮上的"+"表示按步距正向移动点位的地面位置，"–"表示按步距反向移动点位的地面位置。

（1）步距按钮：系统设置了四档步距：0.01、0.10、1.00和10.0，可单击"步距+"或"步距–"按钮选择适当的步距。步距按钮上的"+"表示增大步距，"–"表示减小步距。步距单位与控制点单位一致。

（2）立体方式按钮：单击"立体方式"按钮，系统弹出"3D视图"窗口，显示当前点的立体影像，需使用立体眼镜进行立体观测，如图3-41所示。

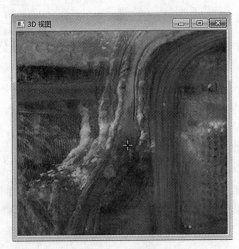

图 3-41　3D 视图

首先，选中要调整的控制点，再在"调准控制"对话框中，单击"步距"按钮选择适当的调整步距，然后单击此对话框中的"微调"按钮，参照点位放大显示窗口中显示的点位进行调整。

立体显示下的地面坐标调整方式，即以地面坐标方式对立体影像的控制点点位进行调整。首先，选中要调整的控制点，再单击"立体方式"按钮，系统弹出"3D视图"窗口，显示当前点的立体影像。在"调准控制"对话框中，单击"步距"按钮选择适当的调整步距，然后单击"微调"按钮，通过立体眼镜参照"3D视图"窗口中的立体影像进行调整。

注意，调整点位时可以参考"定向结果"窗口中的误差数据的变化进行操作，但必须保证控制点的点位正确，切莫为凑控制点精度而使控制点像点位置偏离自身位置。

4. 存盘退出

在"影像显示"窗口中单击鼠标右键，在系统弹出的右键菜单中单击"保存"菜单项，保存定向结果。单击"退出"菜单项，退出定向模块。

## 3.5　空中三角测量

空中三角测量是立体摄影测量中，根据少量的野外控制点，在室内进行控制点加密，求得加密点的高程和平面位置的测量方法。其主要目的是为缺少野外控制点的地区测图提供绝对定向的控制点。空中三角测量一般分为模拟空中三角测量，即光学机械法空中三角测量和解析空中三角测量，即俗称的电算加密。模拟空中三角测量是在全能型立体测量仪器（如多倍仪）上进行的空中三角测量，随着计算机的发展，模拟空三已经被淘汰。我们现在所说的空三一般指解析空中三角测量，它根据像片上的像点坐标（或单元立体模型上点的坐标）同地面点坐标的解析关系或每两条同名光线共面的解析关系，构成摄影测量网的空中三角测量，建立摄影测量网和平差计算等工作都由计算机来完成。

### 3.5.1 实习目的与要求

（1）熟悉摄影测量内业加密的整个作业流程；

（2）利用所获取的航摄像片和少量的地面控制点，解求满足航空摄影测量地形测图精度要求的加密点地面坐标及影像外方位元素。

### 3.5.2 实习内容

（1）准备加密资料；

（2）编制加密计划；

（3）在标准点位全人工加连接点；

（4）全人工加外业控制点；

（5）交互调用区域网平差软件，根据平差结果精调像点，完成空中三角测量；

（6）解读平差报告，输出空三加密点以及像片外方位元素。

### 3.5.3 实习指导

VirtuoZo 提供专门用于空中三角测量的软件包 VirtuoZoAAT，软件包内集成了全球知名平差软件 PATB。VirtuoZoAAT 主要用于专业化测量生产，自动化程度比较高。教学中不宜采用这种自动化模式，因此，我们采用全手动操作的空中三角测量软件包 StuDPS，其操作流程如下：

3.5.3.1 建立测区、设置参数

运行 StuDPS. exe，启动空三加密像点量测软件，选择菜单栏中的"文件"→"新建工程"，弹出对话框，创建新的测区文件，如图 3-42 所示。

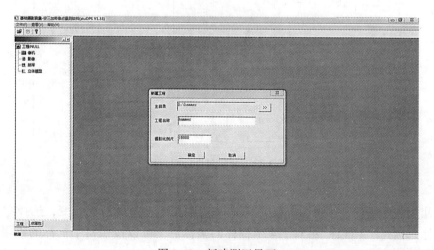

图 3-42　新建测区界面

在新建工程对话框中选择测区主目录路径（如 D：\），然后输入工程名（如 hammer），修改摄影比例尺（如 15000），点击"确定"，测区建立成功。测区建立后需要进行设置相机、引入影像、设置控制点、完成测区数据准备的工作。

1. 设置相机

在程序界面左侧的控制面板中，在工程目录下选择"相机"，单击鼠标右键选择添加菜单，在弹出的对话框中设置相机类型，如图 3-43 所示，一般选择传统框幅式相机。

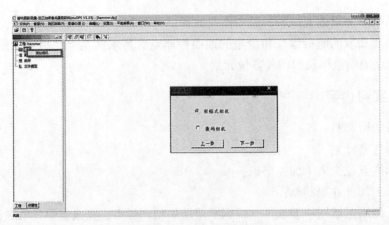

图 3-43　设置相机类型界面

单击"下一步"，打开相机属性设置对话框，参照相机检校文件和航摄资料设置相机名称、焦距、主点、影像行列数（像素）、像素大小、畸变参数和框标点的理论坐标，如图 3-44 所示。

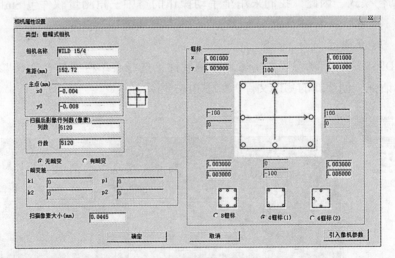

图 3-44　相机属性设置界面

以下几点需要注意：针对练习数据 Hammer，对话框左侧的有无畸变，选择"无畸变"；右边的框标，选择"4 框标"；对于 4 个框标的坐标值，可以按照每个框标的象限中坐标的正负号相应地填入。

**2. 导入影像**

选择工程工作区中的"影像"，单击右键选择"添加影像"，在打开的"影像导入"对话框中单击"添加文件"（图 3-45），按航带顺序依次添加所要输入的影像，如第一次选择添加 155、156、157 三张影像，单击"加入新航线"，构成第一条航带 stip0，并选择按名称降序排列影像。再次点击"添加文件"，选择添加 164、165、166 三张影像，单击"加入新航线"，构成第二条航带 stip1，并选择按名称升序排列影像，然后单击"完成"。如果原始影像的格式不是 .tif 格式，添加影像之后要点击菜单栏"影像处理"→"生成金字塔"。

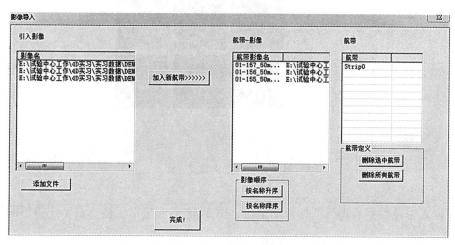

图 3-45　影像导入界面

**3. 设置控制点数据**

点击菜单栏中的"测区数据"→"控制点"，在打开的对话框中点击"引入控制点"，输入控制点坐标文件，结果如图 3-46 所示。

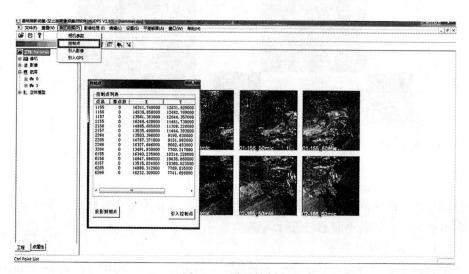

图 3-46　设置控制点

#### 3.5.3.2 影像内定向

选择工程工作区中影像左边的"+"号可以展开影像列表，然后选择第一张影像并单击右键，在弹出的对话框中单击"内定向"，如图3-47所示，进行人工框标量测。

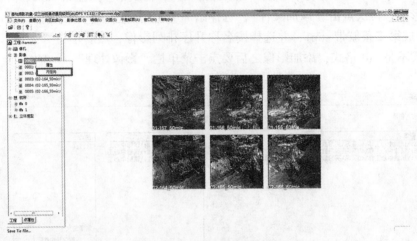

图3-47  内定向选择界面

程序读入影像数据后进行框标自动定位，图3-48界面显示了框标自动定位后的状况。

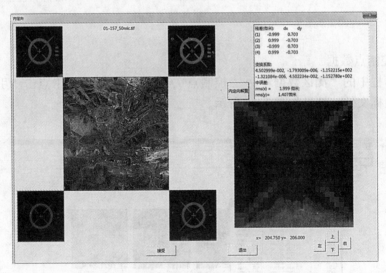

图3-48  内定向界面

可选择界面上的中间小方块按钮将其对应的框标放大显示于右窗口内，观察小十字丝中心是否对准框标中心，若不满意可进行调整。

#### 3.5.3.3  人工量测连接点

单击工具栏中的"选择像片调整"图标 ，通过鼠标拖动矩形框的方式，选定6张像片，如图3-49所示。

选择工具栏中"像点编辑"图标 ，出现如图3-50所示的像点编辑界面。

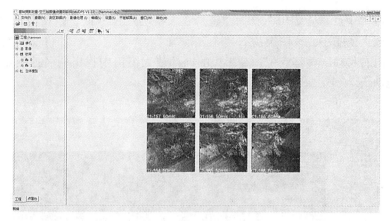

图 3-49　选择影像界面

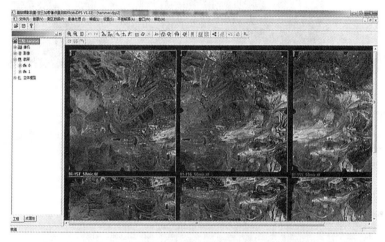

图 3-50　像点编辑界面

在图 3-50 界面中大致选择地面明显地物同名点的大致位置，如图 3-51 所示。

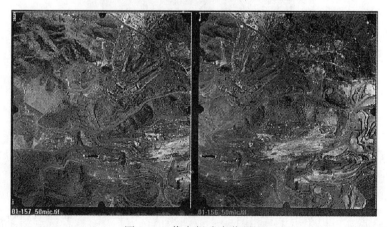

图 3-51　像点粗略定位界面

选择工具栏"像点精确定位"图标 ![], 进入精确定位界面。按键盘的"+"或"-"可对影像进行放大或缩小, 按住键盘的"↑"、"↓"、"→"、"←"可使红色十字丝向上、向下、向左、向右移动。调整点位, 在影像的局部放大窗口中找出同名控制点的精确位置, 结果如图 3-52 所示。

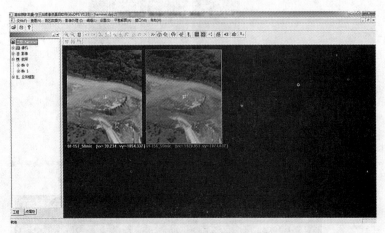

图 3-52　像点精确定位界面

也可单击工具栏"立体点位调整"图标 ![], 进入立体量测界面, 如图 3-53 所示。基准片选择立体像对的左片, 调整片选择立体像对的右片。

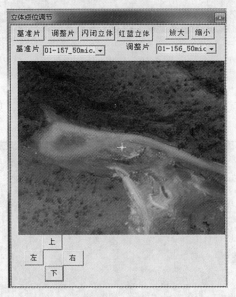

图 3-53　立体点位调节界面

取消这次选点, 可以单击工具栏图标"取消当前选点" ![]。若选点结果满意, 可以单击工具栏"保存当前连接点"图标 ![], 选择"人工点"单选按钮, 输入相应的人工点的

46

点号，如图 3-54 所示，选中的点变为绿色十字。

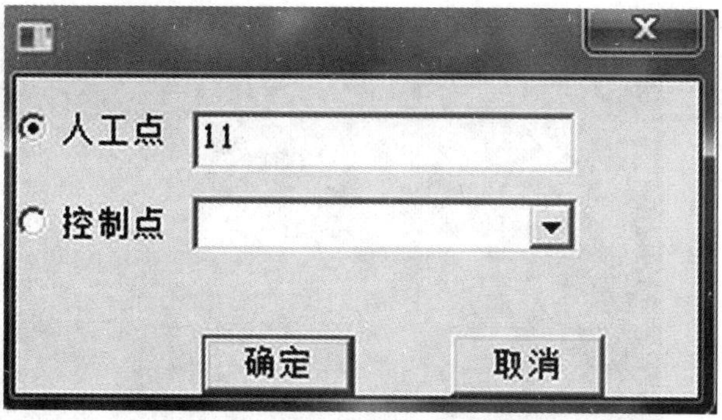

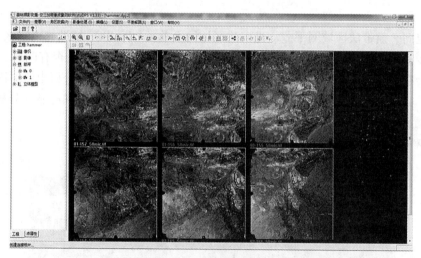

图 3-54　输入像点点号界面

依照上述步骤继续量测下一个连接点，直至人工量测完所有连接点的像片坐标，若想要显示点号，可以在菜单中选择"设置"→"显示点号"，结果如图 3-55 所示。图中的绿色十字丝代表量测的连接点，红字为点号。

图 3-55　连接点量测结果

### 3.5.3.4　量测控制点

量测控制点的方法与量测连接点的方法步骤相同，全人工加控制点界面如图 3-56 所示，图中的绿色三角代表量测的地面控制点，绿字代表点号。

控制点的像点位置量测和编辑与连接点完全一样，按照编制的加密计划，完成所有连接点和外业控制点的量测，并保存完成的手工量点。

### 3.5.3.5　区域网平差

在完成连接点和控制点量测后，就可以进行平差，通过平差可以发现加得不准的点以及错点，当然平差更重要的作用是要解算出所有航片的外方位元素。

根据摄影测量空中三角测量流程，需要进行连续相对定向、模型连接构建自由航带网、

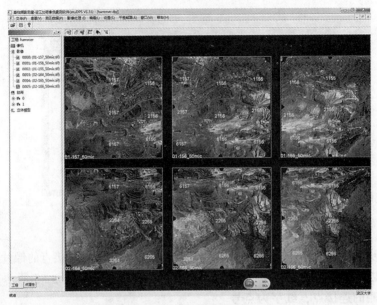

图 3-56　外业控制点量测结果

模型绝对定向、航带法区域网平差、光束法区域网平差及 GPS/POS 辅助光束法区域网平差。根据每一步骤生成的中间文件和结果文件报告的信息来核实本步骤是否有问题,如果有问题,平差会在该步骤中止,因此,只能从每个步骤的中间结果文件中分析出错原因,并进行相应处理,完成平差。最终,还应该对加密结果进行简单的精度评定和可靠性分析。

1. 设置光束法区域网平差参数

运行 WuCAPS 平差软件,其界面如图 3-57 所示。

图 3-57　光束法平差界面

选择软件菜单栏中的"区域网参数"→"设置区域参数",在打开的对话框中设定加密分区目录,指定 WuCAPS 平差工作目录,推荐用测区目录下的 adjustment/WuCAPS 目录,如图 3-58 所示。

测区工程中的像点坐标观测值文件和航摄仪信息、控制点信息、定向点点名文件分别指定到相应位置,具体步骤如下:

(1)设置原始观测值等 5 个数据文件,包括航摄仪信息(PRECAI. DAT)、像片坐标观测值(PREPHI. DAT)、控制点信息(PRECKI. DAT)、定向点点名(PRECPI. DAT)、非量测数据(PREGOI. DAT)。

(2)设置区域参数:航线数、一条航线最大像片数、一张像片最大像点数。

(3)设置像点坐标量测精度,一般取 5 微米。

(4)设置像点坐标记录格式,无需改动。

(5)设定各项残差:构建航线网(模型上下视差、左右视差、模型高差);定向点残差(根据摄影比例尺和实际地理情况设置);检查点残差(根据摄影比例尺和实际地理情况设定)。

设置测区基本参数结果如图 3-59 所示。

图 3-58　设定平差工作目录

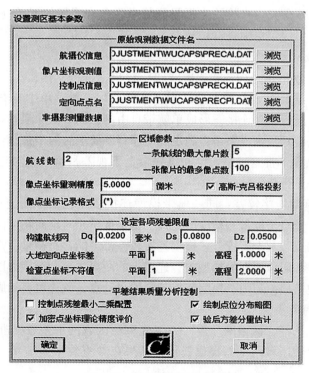

图 3-59　设置测区基本参数

## 2. 给定观测的权值

选择菜单栏中的"区域网参数"→"给定观测值权",设定每类观测的先验权,如图3-60所示。若只做光束法平差,则只需要设定自检校光束法中定向点(即控制点)权和附加参数权。若进行GPS光束法平差或POS平差,则需要设定相应的外方位元素的权,具体的权值可根据默认的权进行微小改动。

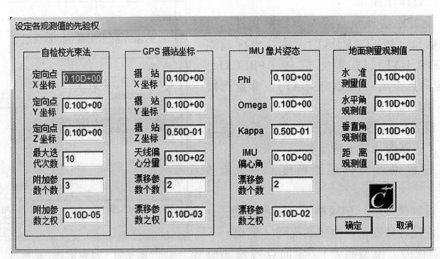

图3-60 设定各观测值的先验权

## 3. 像片内定向检查

选择"区域网参数"→"像片内定向"菜单,进行内定向检查。内定向过程已经在像点量测前完成了,该步骤只用来检测坐标量测值是否含有明显的误差(定向结果在"查看平差结果→M1.res"二级菜单中查看)。

## 4. 构建自由航线网

选择"区域网参数"→"构建自由航线网"菜单,进行立体模型的相对定向和立体模型连接构建航线网,结果在"查看平差结果→M2.res"二级菜单中查看。采用带模型连接条件的相对定向,并进行模型连接,形成单航带自由网,同时剔除粗差点。

检验选点和像点坐标量测成果是否满足规定和精度要求有两个指标:

(1)定向点残余上下视差残差:定向点残余上下视差是衡量相对定向精度的指标;结合国家规范判断残差是否超限。

(2)同一航带模型连接较差:同一航带模型连接较差包括平面连接差和高程连接差,是衡量加密点选点和像点坐标量测精度的指标,也是衡量相对定向精度的指标之一。

人工量测的加密点,其上下视差、模型连接较差都可能含有初差,需返回像点坐标量测软件进行修测。在一些影像不好的模型中,连接点的距离太短,连接力度不够,需补测一些连接点。对于上下视差残差超限、模型连接超限的自动点,软件可自动删除。

## 5. 光束法区域网平差

第一次平差需先选择"区域网参数"→"光束法区域网平差数据准备"菜单,进行概略绝对定向,为光束法区域网平差提供初值,结果在"查看平差结果→M4.res"二级菜单中查看。

光束法区域网平差结果文件包含每张像片的外方位元素和所有加密点的坐标，可以查看平差中误差、基本定向点残差、检查点残差，结合国家规范判断残差是否超限。

区域网内基本定向点残差是衡量区域网定向精度的重要指标。一般情况下，基本定向点残差不大于加密点中误差的 0.75 倍，检查点即区域网内多余控制点，其不符值是衡量区域网解析空中三角测量成果精度的主要指标，一般情况下，多余控制点不符值不大于加密点中误差的 1.25 倍。

若结果中有超限的点，需要对像点坐标文件进行编辑，即去除大的量测误差点或进行重新补测，直到结果满足生产规范要求。

## 3.6 核线影像生成

核线影像是生成视差图的基础，在立体观察中有更好的立体视觉效果。同时，核线影像是数字摄影测量中影像匹配的基础。有了核线影像，根据同名像点一定定位于同名核线上的理论，可以将二维影像相关转化成一维影像相关，能显著提高计算效率和可靠性，从而使影像信息提取的许多问题变得简单。

生成核线影像总共有三种方法：第一种是基于数字纠正生成核线影像，即基于平行于摄影基线水平的核线影像。该方法的基本思路是，将左右片倾斜影像同名核线投影到与摄影基线平行的平面上。以左片为例，作为倾斜影像的左片与平行基线的平面，其几何关系类似于像空间坐标系与物空间坐标系。通过类似的旋转矩阵可求得倾斜像片上的点与纠正水平像片上的点的坐标关系。(注意，应该说该纠正平面与摄影基线方向平行，同时与核面垂直，否则平行与基线平面有很多并不是都满足要求。)由于以平行于基线的平面作为纠正平面，左右影像同名核线在该平面上的投影核线是同一条直线，即 $y$ 坐标相等。反过来，对于投影到平行平面的左右两张核线影像，每一条水平线都对应左右影像的同名核线。在这样的一条水平核线上按照一定间隔取点，利用坐标关系可以反算到原始影像上，利用重采样可以得到核线影像灰度坐标，这样就得到了核线影像。第二种是倾斜影像直接获取核线影像，该方法利用左右同名核线与摄影基线共面的特性，已知摄影基线方向，可以确定左右核线坐标关系。此前提是已知左片上一个已知点坐标，以及基线方向，这样可以确定左右同名核线。这个方法并没有做影像纠正。另外，基于独立像对核线确定时候，由于该模型相对定向时，坐标系的 $X$ 与基线重合，所以其 $Y$、$Z$ 分量为 0，在计算时更加简便。第三种是平行地面水平面的核线影像。该核线影像是平行于地面的，其方式与第一种核线影像的生成类似，但必须要经过绝对定向才行。

直接在倾斜影像上获得的核线影像与在平行于摄影基线的"水平"像片上获得的核线影像不同。直接在倾斜影像上获得的核线影像是直接确定核线以及对应的同名核线在各自的倾斜像片上解析关系，然后通过这种解析关系进行重采样。而在平行于摄影基线的"水平"像片上获得的核线影像是将倾斜影像做旋转后，使之与摄影基线平行，然后再在旋转后的影像截取到核线影像。在与地面平行的影像上获得核线影像和在"水平"像片上获得核线影像过程相似，只是使旋转后的影像与地面平行。所得的结果只是将在"水平"像片上获得的核线影像做了一个旋转。

### 3.6.1　实习目的与要求

（1）了解水平核线生成方式和非水平核线生成方式的区别；

（2）掌握核线影像重采样，生成核线影像对的流程。

### 3.6.2　实习内容

（1）选择核线范围；

（2）按非水平核线生成方式，生成核线影像。

### 3.6.3　实习指导

核线影像生成流程如图3-61所示。

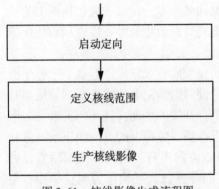

图3-61　核线影像生成流程图

#### 3.6.3.1　启动模型定向

如果当前处于绝对定向界面，请先从绝对定向界面回到相对定向界面。

如果已退出相对定向模块，在VirtuoZo界面上单击"模型定向"→"模型定向"进入相对定向界面。

#### 3.6.3.2　定义核线范围

（1）人工自由定义：在相对定向界面中，人工定义当前模型下的作业区。首先，在"影像显示"窗口中单击右键，在系统弹出的右键菜单中单击"定义作业区"菜单项，然后，在"影像显示"窗口中拉框选定作业区。系统用绿色矩形框显示作业区范围。

（2）系统自动定义：在相对定向界面中，由系统自动定义当前模型下的最大作业区。首先，在"影像显示"窗口中单击右键，然后，在系统弹出的右键菜单中单击"自动定义最大作业区"菜单项，系统将自动生成最大作业区。若在VirtuoZo界面中单击"模型定向"→"核线重采样"菜单项或批处理生成核线影像时没有定义作业区，系统则自动生成最大作业区。

如果已由系统自动生成最大作业区，或在以前的作业中已定义过作业范围，则无需进入相对定向界面定义作业区，可直接在VirtuoZo主界面中单击"模型定向"→"核线重采样"菜单项或批处理生成核线影像即可。

#### 3.6.3.3　生成核线影像

在系统弹出的右键菜单中单击"生成核线影像"菜单项，系统自动生成当前模型的核线影像。也可退出相对定向，在VirtuoZo界面上单击"模型定向"→"核线重采样"菜单项或批处理生成核线影像。

注意，只有进行绝对定向以后，才可生成水平核线影像。若仅做相对定向，只能生成非水平核线影像。

# 第4章 数字高程模型（DEM）生产实习

## 4.1 基 础 知 识

1958 年，美国麻省理工学院摄影测量实验室主任 Miller 教授首次提出了数字地面模型的概念：数字地面模型（Digital Terrain Model，DTM）是利用一个任意坐标场中大量选择的已知 $X$、$Y$、$Z$ 的坐标点对连续地面的一个简单的统计表示。随后，Doyle（1978）、王之卓（1979）、Burrough（1986）等人都对数字地面模型进行了定义和研究。数字地面模型（DTM）是地形表面形态等多种信息的一个数字表示。严格地说，DTM 是定义在某一区域 $D$ 上的 $m$ 维向量有限序列，用函数的形式描述为：

$$\{V_i, \ i=1, \ 2, \ \cdots, \ n\}$$

其向量 $V_i = (V_{i1}, \ V_{i2}, \ \cdots, \ V_{im})$ 的分量为地形、资源、土地利用，人口分布等多种信息的定量或定性描述。若只考虑 DTM 的地形分量，通常称其为数字高程模型 DEM（Digital Elevation Model）。

数字高程模型 DEM 是表示区域 $D$ 上的三维向量有限序列，用函数的形式描述为：

$$\{V_i = (X_i, \ Y_i, \ Z_i), \ i=1, \ 2, \ \cdots, \ n\}$$

其中，$X_i$，$Y_i$ 是平面坐标，$Z_i$ 是 $(X_i, \ Y_i)$ 对应的高程值。当该序列中各平面向量的平面位置呈规则格网排列时，其平面坐标可省略，此时，DEM 就简化为一维向量序列 $\{Z_i, \ i=1, \ 2, \ 3, \ \cdots, \ n\}$。

测绘学从地形测绘角度来研究数字地面模型，一般仅把基本地形图中的地理要素，特别是高程信息，作为数字地面模型的内容。通过储存在介质上的大量地面点空间坐标和地形属性数据，以数字的形式来描述地形地貌。正因为如此，很多测绘学家将"Terrain"一词理解为地形，称 DTM 为数字地形模型，而且在不少场合，把数字地面模型和数字高程模型等同看待。

从 1972 年起，国际摄影测量与遥感学会（ISPRS）一直把 DEM 作为主题，组织工作组进行国际性合作研究。DEM 是多学科交叉与渗透的高科技产物，已在测绘、资源与环境、灾害防治、国防等与地形分析有关的各个领域发挥着越来越重要的作用，也在国防建设与国民生产中有很高的利用价值。例如，在民用和军用的工程项目中计算挖填土石方量；为武器精确制导进行地形匹配；为军事目的显示地形景观；进行越野通视情况分析；道路设计的路线选择、地址选择，等等。

在地理信息中，DEM 主要有三种表示模型：规则格网模型（Grid）、等高线模型（Contour）和不规则三角网模型（Triangulated Irregular Network，TIN）。但这三种不同数据结构的 DEM 表征方式在数据存储以及空间关系等方面，则各有优劣。TIN 和 Grid 都是应用最广泛的连续表面数字表示的数据结构。TIN 具有许多明显的优点和缺点。其最主要的优点就是可变的分辨率，即当表面粗糙或变化剧烈时，TIN 能包含大量的数据点；而当表面相对单一时，在同样大小的区域中 TIN 则只需要最少的数据点。另外，TIN 还具有考虑重要表面数据点的能力。当然，正是这些优点导致了其数据存储与操作的复杂性。Grid 的优点不言而喻，如结构十分简单、数据存储量很小、各种分析与计算非常方便有效等。

DEM 数据获取也就是 DEM 建立，常用的方法如下：

（1）野外测量。利用自动记录的测距经纬仪（常用电子速测经纬仪或全站仪）在野外实测地形点的三维坐标。这种速测经纬仪或全站仪一般都有微处理器，可以自动记录和显示有关数据，还能进行多种测站上的计算工作。其记录的数据可以通过串行通信直接输入到计算机中进行处理。

（2）现有地图数字化。利用数字化仪对已有地图上的信息（如等高线）进行数字化的方法，即利用现有的地形图进行扫描矢量化等，并对等高线做如下处理：分版、扫描、矢量化、内插 DEM。

（3）数字摄影测量方法。数字摄影测量方法是 DEM 数据采集现阶段最为主要的技术方法。通过数字摄影测量工作站以航空摄影或遥感影像为基础，通过计算机进行影像匹配，自动相关运算识别同名像点得其像点坐标，运用解析摄影测量的方法如内定向、相对定向、绝对定向及运用核线重排等技术恢复地面立体模型；此外，也可以在摄影测量工作站上，通过立体采集特征点线（如山脊线、山谷线、地形变换线、坎线等），构建不规则三角网（TIN）获得 DEM 数据。数字摄影测量方法是目前空间数据采集最有效的手段，它具有效率高、劳动强度小的特点。目前，常用的有 VirtuoZo、JX_4 等全数字摄影测量工作站。

（4）空间传感器。利用 GPS、雷达和激光测高仪等进行数据采集。目前，较流行的是 DGPS/IMU 组合导航技术和 LIDAR 激光雷达扫描技术的摄影测量。机载激光雷达 LIDAR 是一种集激光、全球定位系统和惯性导航系统于一身的对地观测系统，利用在飞机上装载 DPGS/IMU 获取飞机的姿态和绝对位置，实行无地面控制点的高精度对地直接定位。此外，在卫星或航天飞机上安装干涉合成孔径雷达等设备直接获取 DEM 也取得了很大的成功，如全球公开的 DEM 数据 ASTER 和 SRTM 就是通过这种方法获取的。

ASTER 是 1999 年 12 月发射的 Terra 卫星上装载的一种高级光学传感器，包括了从可见光到热红外共 14 个光谱通道，可以为多个相关的地球环境、资源研究领域提供科学、实用的数据。它是美国 NASA（美国国家航空航天局）与日本 METI（经济产业省）合作的项目，属于 EOS（地球观测系统）计划的一部分。ASTER GDEM 采用了从 Terra 卫星发射后到 2008 年 8 月获取的覆盖了地球北纬 83°到南纬 83°，150 万景的 ASTER 近红外影像，采用同轨立体摄影测量原理生成；GDEM 分辨率 $1''×1''$（相当于 30m 栅格分辨率），采用 GeoTiff 格式，每个文件覆盖地球表面 1°×1°大小，已于 2009 年 6 月 29 日免费向全球发布。ASTER GDEM 数据精度估计在 95% 误差置信水平下，高程误差 20m，平面误差 30m，其水平参考基准为 WGS84 坐标系，其高程基准为 EGM96 水准面，由于没有剔除地球表面覆盖的植被高度和建筑物高度，所以其并不是严格意义上的地形高。

SRTM（Shuttle Radar Topography Mission）是由 NGA（美国国家地理情报局）、NASA 以及德、意航天机构参与的一项国际航天测绘项目，于 2000 年 2 月，采用 C 波段和 X 波段干涉合成孔径雷达，搭载美国奋进号航天飞机，经过为期 11 天的环球飞行，获得了地球表面北纬 60°至南纬 56°，覆盖陆地表面 80% 以上的三维雷达数据，经 NASA 数据后处理，免费发布了全部区域 $3''×3''$（相当于 90 m 栅格分辨率）的 SRTM3 和美国区域 $1''×1''$（相当于

30m 栅格分辨率）的 SRTM1，每个文件覆盖地球表面 1°×1°大小，以 hgt 格式存储。NASA 通过与全球各大洲的地面控制点和动态地面 GPS 数据进行比较分析，得出 SRTM DEM 精度见表 4-1。

表 4-1  **SRTM DEM 产品精度统计表（单位：m）**

|  | 非洲 | 澳大利亚 | 亚欧和欧洲 | 岛屿 | 北美洲 | 南美洲 |
|---|---|---|---|---|---|---|
| 绝对地理位置误差 | 11.9 | 7.2 | 8.8 | 9.0 | 12.6 | 9.0 |
| 绝对高程误差 | 5.6 | 6.0 | 6.2 | 8.0 | 9.0 | 6.2 |
| 相对高程误差 | 9.8 | 4.7 | 8.7 | 6.2 | 7.0 | 5.5 |
| 长波高程误差 | 3.1 | 6.0 | 2.6 | 3.7 | 4.0 | 4.9 |

说明：所有误差为 90% 置信度水平下，长波高程误差主要由雷达天线侧滚角 Roll 误差引起。

## 4.2　影像匹配生产 DEM

摄影测量中双像（立体像对）的量测是提取物体三维信息的基础。在数字摄影测量中是以影像匹配代替传统的人工观测，来达到自动确定同名像点的目的。最初的影像匹配是利用相关技术实现的，随后发展了多种影像匹配方法。影像相关技术的匹配常被称为影像相关。由于原始像片中的灰度信息可转换为电子、光学或数字等不同形式的信号，因而可构成电子相关、光学相关或数字相关等不同的相关方式。但是，无论是电子相关、光学相关还是数字相关，其理论基础都是相同的。影像相关是利用互相关函数，评价两块影像的相似性以确定同名点。即首先取出以待定点为中心的小区域中的影像信号，然后取出其在另一影像中相应区域的影像信号，计算两者的相关函数，以相关函数最大值对应的相应区域中心点为同名点。即以影像信号分布最相似的区域为同名区域，同名区域的中心点为同名点，这就是自动化立体量测的基本原理。

影像相关是根据左影像上作为目标区的一影像窗口与右影像上搜索区内相对应的相同大小的一影像窗口相比较，求得相关系数，代表各窗口中心像素的中央点处的匹配测度。对搜索区内所有取作中央点的像素依次逐个地进行相同的过程，获得一系列相关系数。其中，最大相关系数所在搜索区窗口中心像素中央点的坐标，就认为是所寻求的共轭点（同名点）。

根据匹配的基本原理，要通过匹配生产 DEM 需要指定匹配窗口的大小以及匹配点的间隔。

### 4.2.1　实习目的与要求

（1）理解影像匹配的原理和方法；

（2）掌握匹配窗口及间隔的设置，运用匹配模块，完成影像匹配；

（3）掌握匹配后的基本编辑，能根据等视差曲线（立体观察）发现粗差，并对不可靠区域进行编辑，达到最基本的精度要求；

（4）掌握 DEM 格网间隔的正确设置，生成单模型的 DEM。

#### 4.2.2 实习内容

(1) 设置匹配窗口及间隔，进行影像匹配；

(2) 实现匹配后编辑，根据等视差曲线（立体观察）发现粗差，并对不可靠区域进行编辑，直至满足精度要求；

(3) 进行 DEM 格网参数设置，生成 DEM。

#### 4.2.3 实习指导

影像匹配生产 DEM 生成主要流程如图 4-1 所示。

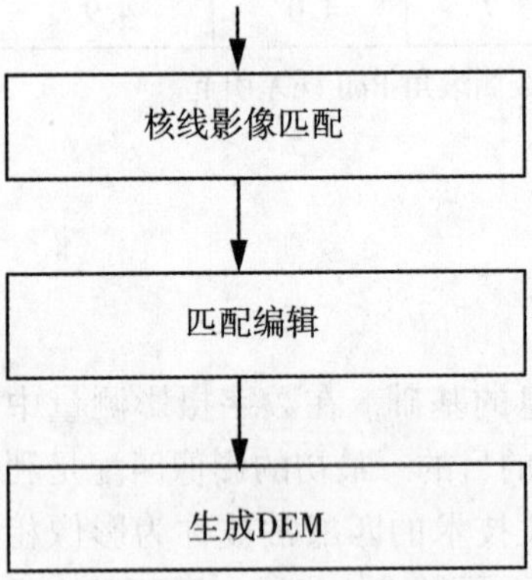

##### 4.2.3.1 自动影像匹配

在 VirtuoZo 主菜单中，选择菜单"DEM 生产"→"影像自动匹配"选项，出现影像匹配计算的进程显示窗口，自动进行影像匹配。

##### 4.2.3.2 匹配结果的编辑

影像匹配实现了同名点的自动提取，但是由于影像信息的不完整或者信息自相关等多种因素导致自动匹配的结果会有错误，因此生成的过程中还需要少量的人工编辑和确认。

需要进行编辑的有以下几种情况：①影像中大片纹理不清晰的区域或没有明显特征的区域。例如，湖泊、沙漠和雪山等区域可能会出现大片匹配不好的点，需要对其进行手动编辑。②由于影像被遮盖和阴影等原因，使得匹配点不在正确的位置上，需要对其进行手动编辑。③城市中的人工建筑物、山区中的树林等影像，它们的匹配点不是地面上的点，而是地物表面上的点，需要对其进行手动编辑。④大面积平地、沟渠和比较破碎的地貌等区域的影像，需要对其进行手动编辑。

人工编辑的过程被定义为匹配结果编辑，在 VirtuoZo 软件里，对于普通显卡用户和立体显卡用户，会出现不同的编辑界面，所以需要分别论述。

1. 普通（非立体）显卡操作

1）进入编辑界面

在 VirtuoZo 主界面上单击"DEM 生产"→"匹配结果编辑"菜单项，进入"EditMatchGDI"窗口，如图 4-2 所示，在左右窗口中分别显示左右影像，此时需要使用反光立体镜进行观测，也可以单击 👀 按钮，进入立体显示，如图 4-3 所示，此时需使用闪闭式立体镜或互补色立体镜进行观测。分窗显示提供了左右窗口同时滚动的功能。

(1) 参数面板如图 4-4 所示。

(2) 功能按钮面板如图 4-5 所示。

(3) 工具栏说明如下：

📂：打开立体模型；

💾：保存编辑后的立体模型；

🔍：编辑窗口内影像放大显示；

图 4-1 生成 DEM 流程图

核线影像匹配

匹配编辑

生成DEM

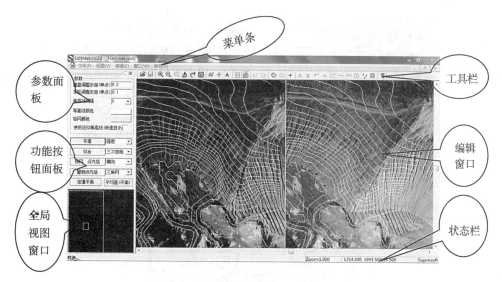

图 4-2  匹配结果编辑互补色立体界面

图 4-3  互补立体显示

$\ominus$ ：编辑窗口内影像缩小显示；

$\oplus$ ：回到上次的缩放比例；

：刷新屏幕；

：切换测标移动屏幕状态；

：编辑窗口全屏显示；

$\delta\delta$ ：立体显示与分屏显示的切换；

$+$ ：设置测标形状与颜色；

$\boxed{A}$ ：是否使测标自动升降贴合匹配点的高程；

使用键盘调整高程的最小步距
使用鼠标滚轮调整高程的最小步距
编辑窗口中显示等高线的等高距
编辑窗口中显示等高线的颜色
编辑窗口中显示匹配点的颜色
是否使用近似等高线加快显示速度

图 4-4　参数面板

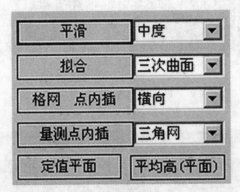

图 4-5　功能按钮面板

▦：显示匹配点；

◎：显示等高线；

◰：撤销编辑回到上一步；

◱：回到撤销前的状态；

◈：激活或结束使用鼠标定义多边形作业范围状态；

◈：取消对当前编辑范围的选择；

＋：单点调整匹配点高程；

▲：对当前范围内所有匹配点整体抬高；

▼：对当前范围内所有匹配点整体降低；

〰：对当前范围内所有匹配点作平滑处理；

⌃：对当前范围内所有匹配点作拟合处理；

▥：对当前范围内所有匹配点作内插处理；

⌒：对当前编辑范围内所有匹配点按给定值赋高程；

〰：对当前编辑范围内所有匹配点高程取平均；

▷：按照编辑范围内所有量测点高程内插匹配点；

58

：激活或结束添加量测点状态，左键加点，右键删点；

：将量测点坐标输出到文本文件；

：阅读帮助文件。

2）定义编辑范围

（1）选择点：将十字光标置于作业区内的某匹配点上即选中了该点。

（2）选择矩形区域：在编辑窗口中按住鼠标左键拖曳出一个矩形框，松开左键，矩形区域中的点变成白色，即选中了此矩形区域。

（3）选择多边形区域：用鼠标单击工具按钮 （或按键盘上的空格键）激活使用鼠标定义多边形作业范围状态，然后在编辑窗口中依次用鼠标左键单击多边形节点，定义所要编辑的区域，单击鼠标右键（或按键盘上的空格键）结束定义作业目标，将多边形区域闭合，此时该多边形区域中的点变成白色，即表示选中了此多边形区域。

注意，EditMatchGDI 界面下，添加量测点时应切准地面，升降测标可用以下方法实现：①滚动鼠标滚轮；②按住鼠标中键的同时移动鼠标；③按住 Shift 键的同时移动鼠标。

（4）选择任意形状区域：在按住鼠标右键的状态下拖动鼠标，系统将显示测标经过的路径，松开鼠标右键结束定义作业目标，将此路径包围的区域闭合，此时该区域中的点变成白色，即表示选中了此区域。

注意，此功能只在 EditMatchGDI 界面下中可用。

3）编辑

（1）单点编辑：EditMatchGDI 界面下，首先按下"单点编辑"按钮，此时编辑窗口内测标所在处的匹配点会被选中（以小方块标出）。选择需要编辑的匹配点，使用上下方向键来升降该点的高程，如图 4-6 所示。

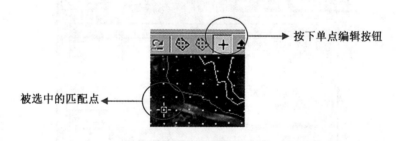

图 4-6　单点编辑功能

注意，开始单点编辑功能前应先用键盘上的 PageUp/PageDown 键调整匹配点的显示间距为匹配点间距。

（2）区域升降：选择编辑区域后，设置参数面板的"键盘调整步距（单点）"的值以后，可以根据设置的步距，按下键盘上的上、下方向键来抬高或降低整个区域的高程，设置参数面板的"滚轮调整步距（单点）"的值以后，滑动滚轮可以调整整个区域的高程。

（3）平滑计算：选择编辑区域后，在功能按钮面板上，选择合适的平滑程度（有轻度、中度和重度三种选项），再单击"平滑"按钮，系统即对所选区域进行平滑运算。

（4）拟合计算：选择编辑区域后，在功能按钮面板上，选择合适的拟合算法（平面、二次曲面、三次曲面），再单击"拟合"按钮，系统即对所选区域进行拟合运算。

（5）插值运算：选择编辑区域后，在功能按钮面板上，选择"横向"或"纵向"，单击"格网点内插"按钮，系统将根据所选区域边缘的高程值对区域内部的点进行相应的插值计算。

（6）平均水平面：选择编辑区域后，在功能按钮面板上，单击"平均高（平面）"按钮，系统则把所选区域拟合为一水平面，其高程为该区域中所有高程点的平均值。

（7）定值水平面：选择编辑区域，在功能按钮面板上，单击"定值平面"按钮，在系统弹出的对话框中输入该高程值，如图 4-7 所示，单击"确定"按钮，系统则将当前区域拟合为与此点高程相同的平面。

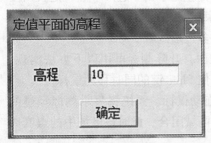

图 4-7　定值平面的高程

匹配编辑完成并保存后，新的影像匹配结果文件将覆盖原"<立体像对名>.plf"文件，该文件将用于建立 DEM。

4）快捷键定义

（1）基本快捷键：

①"W"、"A"、"S"、"D"：移动影像。

②PageUp/PageDown：调整 DEM 抽稀间距。

③↑/↓：升降 DEM 点高程。

④+/−：控制匹配点大小变化的键。

（2）自定义快捷键：除了使用这些基本快捷键，用户还可以根据自己的需要自定义一些命令的快捷键。操作步骤如下：

单击"文件"→"定义快捷键"菜单项，弹出对话框如图 4-8 所示。

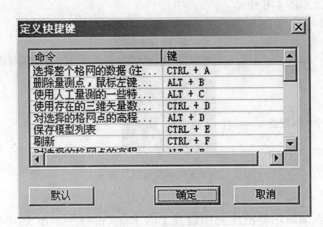

图 4-8　快捷键设置

在所要定义的命令上双击，弹出如图 4-9 所示的对话框，单击"输入键"就可以重新定义快捷键。

5）保存编辑结果及退出

编辑完成后，在"EditMatchGDI"窗口中单击"文件"→"保存"菜单项（或点击工具条上的"保存"按钮 💾）存盘，然后选择"文件"→"退出"菜单项（或直接点击

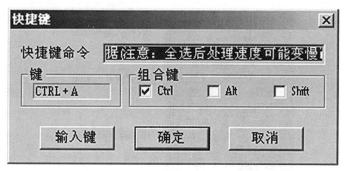

图 4-9 快捷键组合键输入

"EditMatchGDI"窗口右上角的"关闭"按钮 ✕) 退出匹配结果编辑模块。

2. 立体显卡用户操作如下:

1) 进入编辑界面

在 VirtuoZo 主界面上单击"DEM 生产"→"匹配结果编辑"菜单项,进入"匹配编辑"模块,如图 4-10 所示。当屏幕显示的是立体影像时,需使用闪闭式立体镜进行观测;当分窗显示左右影像时,需使用反光立体镜进行观测。

图 4-10 专业立体显卡匹配编辑界面

2) 设置编辑窗口中的显示选项

在功能按钮面板的"编辑状态按钮栏"中单击合适的按钮,如图 4-11 所示,可以设置编辑窗口中影像、等值线和匹配点的显示状态。

3) 调整显示参数

在编辑状态按钮栏中单击"面方式"按钮或"线方式"按钮,如图 4-11 所示,进入面编辑状态或线编辑状态。

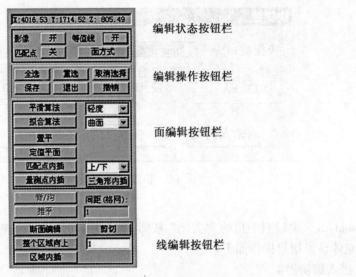

编辑状态按钮栏

编辑操作按钮栏

面编辑按钮栏

线编辑按钮栏

图 4-11 功能按钮面板

4）调整显示参数

如图 4-10 所示，在匹配编辑界面下，编辑窗口中的影像是全局视图窗口中黄色方框内的放大影像。在编辑窗口内部单击鼠标右键，系统弹出编辑主菜单，如图 4-12 所示。在右键菜单中，单击合适的菜单项，设置窗口显示内容。

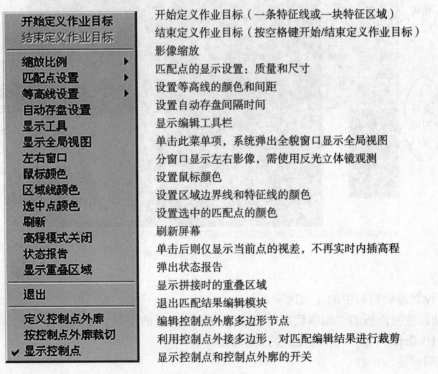

开始定义作业目标（一条特征线或一块特征区域）
结束定义作业目标（按空格键开始/结束定义作业目标）
影像缩放
匹配点的显示设置：质量和尺寸
设置等高线的颜色和间距
设置自动存盘间隔时间
显示编辑工具栏
单击此菜单项，系统弹出全貌窗口显示全局视图
分窗口显示左右影像，需使用反光立体镜观测
设置鼠标颜色
设置区域边界线和特征线的颜色
设置选中的匹配点的颜色
刷新屏幕
单击则只显示当前点的视差，不再实时内插高程
弹出状态报告
显示拼接时的重叠区域
退出匹配结果编辑模块
编辑控制点外廓多边形节点
利用控制点外接多边形，对匹配编辑结果进行裁剪
显示控制点和控制点外廓的开关

图 4-12 右键菜单

62

（1）缩放比例：有16∶1、8∶1、4∶1、2∶1、1∶1、1∶2、1∶4、1∶8和1∶16等缩放比例供用户选择，以调整编辑窗口中影像的大小。

（2）匹配点设置：系统用绿色表示匹配很好的点，黄色表示匹配较好的点，红色表示匹配质量很差的点。单击"匹配点设置"→"质量"下的相应菜单项，可选择只显示某类质量的匹配点。

系统能用三种尺寸显示匹配点的大小，单击"匹配点设置"→"尺寸"菜单项，可选择合适的尺寸。

（3）等高线设置：设置等高线首曲线的显示颜色和计曲线间距。

系统可用红、绿、蓝、黄或白色来显示等高线首曲线。

计曲线间距有2.5、5、10、20、30、40、50和80等不同的等级，其单位与控制点单位相同。此外，用户还可自由定制计曲线间距。单击"等高线设置"→"间距"→"定制"菜单项，系统弹出如图4-13所示的对话框，在文本框中输入所需显示的等高线的间距，确认后即可按设定的间距显示等高线（等高距可以为小数）。

说明：仅在立体方式下提供等高线间距的定制功能。

图4-13　等高距输入

（4）显示工具：在编辑主菜单中单击"显示工具"菜单项，系统则在界面最上方显示编辑工具栏。编辑工具栏中各个图标的功能与功能按钮面板中各个按钮的功能相同。

：显示或隐藏影像；

：显示或隐藏匹配点；

：显示或隐藏等高线；

：使区域平滑；

：平均一个区域的高程；

：表面拟合；

：利用上下匹配的点，线性内插区域内匹配点的高程；

：利用左右匹配的点，线性内插区域内匹配点的高程；

：利用上下量测的点，线性内插区域内匹配点的高程；

：利用左右量测的点，线性内插区域内匹配点的高程；

：沿山势的走向定义特征线后，按"∨"或"∧"形生成山谷或山脊；

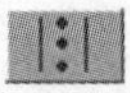：沿道路中线量测特征线并设置路宽，系统将自动推平道路；

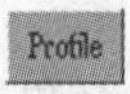
Profile
：断面线编辑方式或恢复为视差线编辑方式；

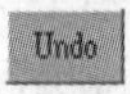
Undo
：撤销操作，回到前一状态；

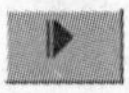：将作业区右移到后一影像块；

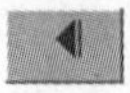：将作业区左移到前一影像块；

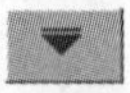：将作业区下移到下一影像块；

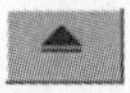：将作业区上移到上一影像块；

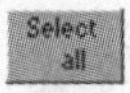
Select
all
：选中所有的匹配点；

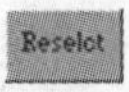
Reselect
：重选匹配点；

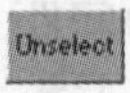
Unselect
：取消对匹配点的选择；

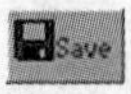
Save
：保存匹配编辑结果；

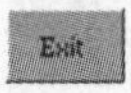
Exit
：退出匹配编辑模块。

（5）左右窗口：单击左右窗口菜单项，系统弹出如图4-12所示的“EditMatchGDI”窗口。

（6）显示重叠区域：单击此菜单项，系统弹出“选择接边误差文件”对话框，如图4-14所示。

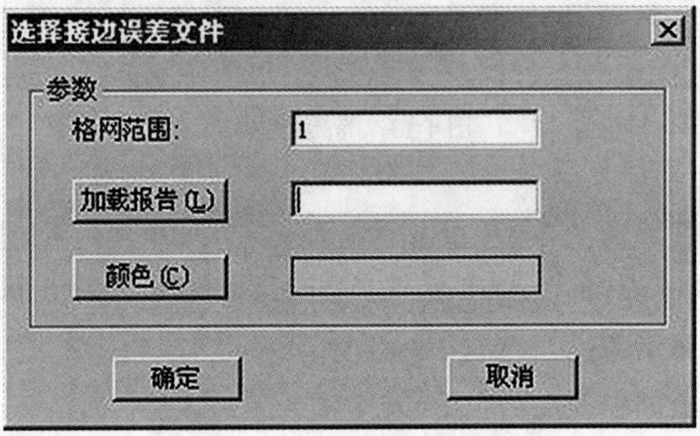
选择接边误差文件
参数
格网范围:
1
加载报告(L)
颜色(C)
确定
取消

图4-14　选择接边误差文件

单击“加载报告”按钮，调入拼接时生成的状态报告，在影像窗口中会以绿色点标出超限的点位，方便用户重新进行匹配结果的编辑。

（7）定义控制点外廓：系统在装载匹配结果时会自动加载存在的控制点位置（绿色大十字丝），并据此计算由控制点包含的最大外接凸多边形，如图4-15中的黄色多边形，然后根据设置的多边形范围将多余部分的编辑结果裁去，这样既可以保证重叠区域的接边，也不会因过多的重叠部分导致大量的编辑操作。

在右键菜单中单击“定义控制点外廓”菜单项，编辑控制点外廓多边形节点。

如果在立体像对中没有控制点信息，单击鼠标右键，选中“定义控制点外廓”菜单项，开始画凸多边形作为裁切范围。单击鼠标左键以增加节点，使用键盘退格键BackSpace，以

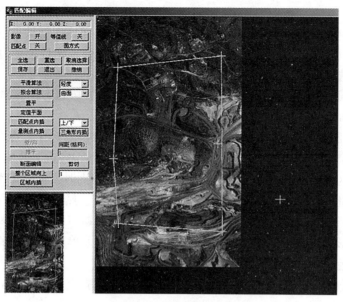

图 4-15　控制点外廓设置

删除当前节点。绘制完成后，再次单击鼠标右键，取消选择定义控制点外廓选项，则多边形自动封闭。

　　如果立体像对中已经存在控制点，则系统在装载匹配结果时会利用该信息计算控制点外接凸多边形，并使用黄色多边形加以显示。此时单击鼠标右键，选择"定义控制点外廓"菜单项，则可激活该凸多边形以对其节点进行编辑。按下键盘退格键 BackSpace，删除凸多边形的当前节点，单击鼠标左键增加一个节点，取消选择定义控制点外廓选项，封闭多边形。

　　（8）按控制点外廓裁剪：利用控制点外接多边形，对匹配编辑结果进行裁剪。

　　单击鼠标右键，选择"控制点外廓裁剪"菜单项，系统弹出"裁剪设置"对话框，如图4-16所示。

　　在控制点网外扩文本框中设置控制点外扩的距离，单位为米（注意，需要外扩一定距离进行裁切，即外扩值不可为 0 米），则凸多边形外扩后的范围为裁剪部分。单击"确定"按钮，执行裁剪。

　　（9）显示控制点：显示控制点和控制点外廓的开关。

　　单击鼠标右键，选择"显示控制点"菜单项，则系统在立体像对上叠加显示控制点和控制点外廓

图 4-16　控制点外扩距离

多边形；取消选择"显示控制点"选项，则关闭控制点和控制点外廓多边形在立体像对上的显示。不存在控制点时，该两菜单项变灰。

　　5）定义编辑范围

　　（1）选择点：将十字光标置于作业区内的某匹配点上即选中了该点。

　　（2）选择矩形区域：在编辑窗口中按住鼠标左键拖曳出一个矩形框，松开左键，矩形区域中的点变成白色，即选中了此矩形区域。

　　（3）选择多边形区域：在"匹配编辑"界面编辑窗口右键菜单中单击"开始定义作业

目标"菜单项，然后在编辑窗口中依次单击多边形节点，定义所要编辑的区域，按下键盘上的 BackSpace 键或 Esc 键可以依次取消最近定义的节点。单击右键菜单中的"结束定义作业目标"菜单项（或按键盘上的空格键）将多边形区域闭合，此时该多边形区域中的点变成白色，即表示选中了此多边形区域。

（4）选择断面：在功能按钮面板中，单击"断面编辑"按钮，则编辑窗口中显示一条红色断面线（断面线上有若干短横线，表示断面线节点）。

（5）选择特征线：在线编辑模式下进行此操作。操作过程与选择多边形区域相同。

（6）选择多个区域：按住 Shift 键，可同时选择多个矩形、多边形区域或多条特征线。

（7）选择大区域：当所选区域超出了编辑窗口的显示范围时，可先在当前编辑窗口中选择多边形区域（此时不单击"结束定义作业目标"菜单项），然后将光标移至"全局视图窗口"，移动黄色方框至所需要的区域，再将光标移回到编辑窗口继续选择多边形节点，直至选中所有的多边形节点，然后单击"结束定义作业目标"菜单项，闭合多边形，所定义区域中的点变为白色，即选中了该大区域。

注意，特征线的选择应在"线编辑状态"下进行，区域选择应在"面编辑状态"下进行。

6）编辑

（1）单点编辑：如果原先的匹配点表示精度不够，而该地区地貌比较破碎，很难用区域编辑的方法达到编辑要求，此时应使用单点编辑的功能。

在"匹配编辑"界面下，将十字光标贴近作业区内的某匹配点，同时敲击键盘上的上、下方向键，将该点抬高或降低。

（2）区域升降：在面编辑的状态下，选择要编辑的区域，然后在"整个区域向上"按钮右边的文本框中输入某个数值，再单击"整个区域向上"按钮，则区域内所有匹配点均按给定值抬高或降低。也可以按下键盘上的上、下方向键来抬高或降低整个区域的高程。

（3）平滑计算：在面编辑的状态下，选择编辑区域后，选择合适的平滑程度（有轻度、中度和重度三种选项），再单击"平滑算法"按钮，系统即对所选区域进行平滑运算。

（4）拟合计算：在面编辑的状态下，选择编辑区域后，选择合适的拟合算法（曲面、平面），再单击"拟合算法"按钮，系统即对所选区域进行拟合运算。

（5）平均水平面：在面编辑的状态下，选择编辑区域后，单击"置平（平均高）"按钮，系统则把所选区域拟合为一水平面，其高程为该区域中所有高程点的平均值。

（6）定值水平面：在面编辑的状态下，先选择编辑区域，再将鼠标放在某点上，此时，功能按钮面板顶端会显示该点的高程值，然后单击"定值平面"按钮，在系统弹出的对话框中输入该高程值，单击"确定"按钮，系统则将当前区域拟合为与此点高程相同的平面。

（7）插值运算：在面编辑的状态下，选择编辑区域后，单击"上/下"或"左/右"菜单项，单击"匹配点内插"按钮或"量测点内插"按钮，系统将根据所选区域边缘的高程值对区域内部的点进行相应的插值计算。

（8）山脊/山谷、道路编辑：在线编辑的状态下，定义特征线并在文本框中输入格网间距数。单击相应的按钮，即可对特征线两边格网宽度范围内的区域进行相应操作。

若对山脊/山谷进行编辑，先沿山脊或山谷量测一特征线，再设置间距，并单击"脊/沟"按钮，系统将根据特征线及其两边匹配点的高程值重新计算高程。

若对道路进行编辑时，先沿道路中线量测一特征线并设置间距（一般为 1/2 路宽），再单击"推平"按钮，该道路路面上点的高程被设为一致，即道路被推平。

（9）断面编辑：单击"断面编辑"按钮，编辑窗口中显示一断面线。断面线上有许多节点。敲击键盘上的 F1 或 F2 键能使节点变得稀疏或密集。敲击键盘上的左、右方向键能使断面线左右平移。

由于从断面线上能快速发现匹配不正确的点，因此，断面编辑常用于检查匹配编辑的结果。将光标移至未切准地面的节点处，敲击键盘上的上、下方向键来调整该节点的空间位置，直至切准地面为止。

匹配编辑完成并保存后，新的影像匹配结果文件将覆盖原<立体像对名>.plf 文件，该文件将用于建立 DEM。

7）快捷键使用

（1）基本快捷键：

①"W"、"A"、"S"、"D"：移动影像。

②PageUp/PageDown：调整 DEM 抽稀间距。

③↑/↓：升降 DEM 点高程。

④+/−：控制匹配点大小变化的键。

（2）自定义快捷键：除了使用这些基本快捷键，用户还可以根据自己的需要自定义一些命令的快捷键。

单击"文件"→"定义快捷键"菜单项，弹出对话框如图 4-17 所示。

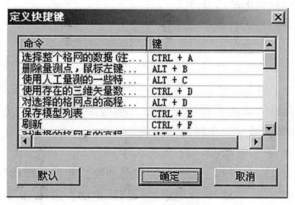

图 4-17　快捷键定义

在所要定义的命令上双击，弹出如图 4-18 所示的对话框，单击"输入键"就可以重新定义快捷键。

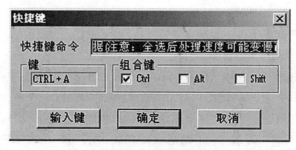

图 4-18　组合键定义

8）保存编辑结果及退出

编辑完成后，在功能按钮面板的编辑状态按钮栏，单击"保存"按钮，然后单击"退出"按钮退出匹配结果编辑模块。

### 4.2.3.3  用法举例

#### 1. 单独的树、房屋或一小簇树

由于匹配点在树表面上而不在地面上，使树表面覆盖了等高线，看上去像小山包一样。用选择区域的方法选择该区域，采用平滑或平面拟合的方式进行处理，将"小山包"消除掉。

#### 2. 河塘、水面

河流和水域这些纹理不清晰的地区常有很多错误的匹配点。沿着河边和水面的边缘选择该区域，单击"置平"按钮，可将水面置平。也可用键盘上的上、下方向键抬高或降低高程。

若已知水平面的高程，则单击"定值平面"按钮，在弹出的对话框中输入已知高程值，系统将按此高程值将此区域拟合为一水平面。

#### 3. 房屋和建筑物

与树木的情况相似，等高线也常常像小山包一样覆盖在建筑物上。选择该区域，然后使用下面两种方法之一进行编辑：

（1）使用平面拟合算法消除"小山包"。

（2）先作插值运算，再进行平滑处理。

#### 4. 一片树林

大片树林常常遮住了地面，使等高线浮在树顶上而没有反映出地面的高程。为使等高线贴到地面上，应减去一个树高。首先，选择该树林区域，将鼠标停留在其中的某点上，此时功能按钮面板的上方会显示该点高程值。然后，利用键盘上的上、下方向键（或利用整个区域向上功能），使其高程减少一个树高即可。

#### 5. 大面积平地和沟渠

大面积平地中常常有许多田地、田埂和庄稼等地物，使得地形比较破碎，难以正确表示等高线。选择此多边形区域，根据整体地形的等高线走向，选择上/下或左/右选项，进行相应方向的插值运算，然后再进行平滑。对需要精确表示的田埂、沟渠及道路等，需要用线编辑模式进行编辑。

注意，在以上的编辑过程中，屏幕上可实时显示所选区域编辑后的匹配点、断面线或等视差曲线，作业员应仔细判断编辑结果是否能很好地表示当前地形，若不能则需重新编辑。

### 4.2.3.4  匹配点生成 DEM

生成 DEM 有两种处理方式，分别如下：

#### 1. 在单个模型的基础上进行拼接

①分别建立每个模型的 DEM。在 VirtuoZo 界面上单击"DEM 生产"→"匹配点生成 DEM"菜单项，或利用批处理功能即可建立每个模型的 DEM。

②拼接各个模型的 DEM，建立整个图幅或区域的 DEM。

注意，此时用户不能在设置 DEM 对话框（单击"设置"→"DEM 参数"菜单项，可弹出该对话框）中手动修改 DEM 参数。若已经修改了，请将其恢复为默认状态或直接将模

型的"*.dtp"文件删掉。

2. 直接自动生成大范围（含多个立体模型）的 DEM

在 VirtuoZo 界面上单击"设置"→"DEM 参数"菜单项，系统弹出"设置 DEM"对话框，单击"添加"按钮，添加要生产的 DEM 模型；单击"删除"按钮，删除模型。

在 VirtuoZo 界面上单击"DEM 生产"→"匹配点生成 DEM"菜单项，系统将自动建立各模型对应的 DEM，并将其自动拼接成用户所需的 DEM。

说明：这种方式将各个模型 DEM 的自动建立、批处理功能和 DEM 的自动拼接合为一步进行，可以直接建立起覆盖整个图幅范围或更大范围的 DEM，其自动化程度和作业效率将大大提高。

# 4.3　特征点线生产 DEM

在普通城区，由于建筑物密集，自动匹配结果不太理想，视差曲线的编辑工作量比较大，可采用在测图中直接采集适量的特征点、线、面，使用三角网内插矩形格网点生成 DEM，或者引入该地区已存在的矢量文件"*.xyz"，指定地物层，自动构建三角网，生成 DEM，本节主要讨论这种生产模式。

## 4.3.1　实习目的与要求

（1）理解利用特征产生 DEM 的原理；
（2）掌握利用特征点及特征线生成 DEM 的流程；

## 4.3.2　实习内容

（1）采集特征点、线；
（2）实时构 TIN 观察，编辑特征点、线；
（3）导入特征数据、导出 TIN 数据。

## 4.3.3　实习指导

VirtuoZo 提供了 TIN 编辑功能，利用地形的特征点、特征线、特征面，采用 TIN 构网的方式来生成较高精度的矢量线、三角网、等高线及 DEM 文件。

4.3.3.1　启动 TinEdit 界面

在 VirtuoZo 界面上单击"DEM 生产"→"TIN 编辑"菜单项，系统弹出 TinEdit 窗口，如图 4-19 所示。

在"TinEdit"窗口中单击"文件"→"打开"菜单项，在系统弹出的打开对话框中选择需要进行编辑的立体模型，然后单击"打开"按钮，系统分窗显示该模型的左右影像，如图 4-20 所示。

"TinEdit"窗口有以下 7 个菜单项：

1. 文件菜单项

图 4-19　TIN 编辑主界面

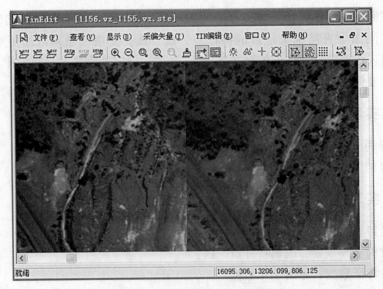

图 4-20　TIN 编辑打开立体模型

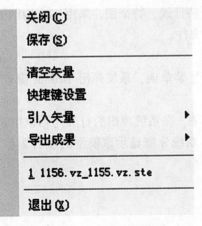

图 4-21　TinEdit 文件菜单

文件菜单项如图 4-21 所示，它包含以下按钮：

（1）关闭：关闭打开的立体模型。

（2）保存：保存当前的编辑结果。

（3）清空矢量：清空采编以及导入的矢量。

（4）快捷键设置：设置快捷键，单击"快捷键设置"按钮，弹出对话框如图 4-22 所示：

①取消设定：取消设定的快捷键；

②全部取消：取消全部的快捷键设置；

③默认设置：使用系统默认的快捷键设置；

④三维鼠标图：查看三维鼠标图，如 4-23 所示；

⑤设备设置：设置设备；

⑥关闭：关闭快捷键设置面板。

图 4-22　TINEdit 设置快捷键

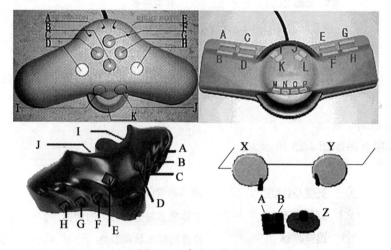

图 4-23　专业三维鼠标

　　快捷键设置的操作方法是：在命令列找到要进行设置的功能项，在键盘上按下想要设置的键或者组合键，即可设置当前功能的快捷键为所选择的键。

　　（5）引入矢量：引入不同格式的数据文件。

引入 IGS（XYZ/VZV）：引入 IGS 矢量测图文件（＊.xyz，＊.vzv）；

引入 TXT（points）：引入 TXT 格式的点文件（＊.gcp，＊.ctl，＊.txt）；

引入 CAD（DXF/DWG）：引入 CAD 格式的点文件（＊.dxf，＊.dwg）。

　　（6）导出成果：导出结果数据。

导出 TIN（OBJ）：导出三角网（＊.obj）；

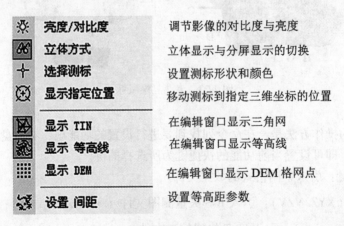

导出 TIN（DXF）：导出三角网（*.dxf）；

导出 CNT（DXF）：导出等高线（*.dxf）；

导出 DEM（DEM）：导出 DEM（*.dem）。

（7）退出：退出 TIN 编辑。

2. 查看菜单项

查看菜单项界面如图 4-24 所示。

| | | | |
|---|---|---|---|
| ✔ | 工具栏(T) | | 是否显示工具栏 |
| ✔ | 状态栏(S) | | 是否显示状态栏 |
| 🖵 | 全屏幕 | Alt+Enter | 编辑窗口全屏显示 |
| 🔍 | 放大(I) | Num + | 放大编辑窗口中的影像 |
| 🔍 | 缩小(U) | Num − | 缩小编辑窗口中的影像 |
| 🔍 | 撤销缩放(U) | | 取消缩放 |
| 🔍 | 适合窗口(F) | Ctrl+W | 全局显示影像 |
| | 原始尺寸1:1 | | 以1:1显示影像 |
| 🖌 | 刷新(R) | F5 | 刷新屏幕 |
| ✋ | 移动(P) | | 移动屏幕 |

图 4-24　TinEdit 视图功能

对应的工具条为：🖵全屏幕；🔍放大；🔍缩小；🔍撤销缩放；🔍适合窗口；🖌刷新；✋移动。

3. 显示菜单项

显示菜单项界面如图 4-25 所示。

| | | |
|---|---|---|
| ☀ | 亮度/对比度 | 调节影像的对比度与亮度 |
| 👓 | 立体方式 | 立体显示与分屏显示的切换 |
| ✛ | 选择测标 | 设置测标形状和颜色 |
| ⊕ | 显示指定位置 | 移动测标到指定三维坐标的位置 |
| ▨ | 显示 TIN | 在编辑窗口显示三角网 |
| ▩ | 显示 等高线 | 在编辑窗口显示等高线 |
| ▦ | 显示 DEM | 在编辑窗口显示 DEM 格网点 |
| 🗻 | 设置 间距 | 设置等高距参数 |

图 4-25　显示功能

对应的工具条为：☀亮度/对比度；👓立体方式；✛选择测标；⊕显示指定位置；

![icon]显示 TIN；![icon]显示等高线；![icon]显示 DEM；![icon]设置间距。

4. 采编矢量菜单项

采编矢量菜单项界面如图 4-26 所示。

图 4-26　采集功能

对应的工具条为：![icon]实时构 TIN；![icon]单点；![icon]折线；![icon]流线；![icon]区域匹配；![icon]选择；![icon]删除；![icon]区域点删除。

5. TIN 编辑菜单项

TIN 编辑菜单项界面如图 4-27 所示。

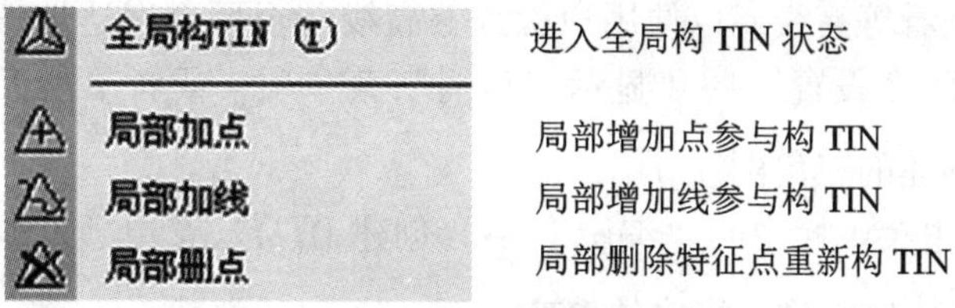

| 全局构TIN（T） | 进入全局构 TIN 状态 |
| 局部加点 | 局部增加点参与构 TIN |
| 局部加线 | 局部增加线参与构 TIN |
| 局部删点 | 局部删除特征点重新构 TIN |

图 4-27　TIN 编辑操作

对应的工具条为：![icon]全局构 TIN；![icon]局部加点；![icon]局部加线；![icon]局部删点。

4.3.3.2　打开立体模型

在 TinEdit 窗口中单击"文件"→"打开"菜单项，在系统弹出的"打开"对话框中选择需要进行编辑的立体模型文件，然后单击"打开"按钮，系统分窗显示该模型的左右影像。

打开模型后，系统支持引入已有的三维矢量数据文件，如矢量测图文件、文本格式点文件或者 DEM 格式点文件，具体操作如下：

引入 IGS（XYZ/VZV）：在 TIN 编辑界面单击"文件"→"引入矢量"→"引入 IGS（XYZ/VZV）"，系统弹出"文件打开"对话框。选择已打开立体模型对应的 IGS 矢量测图文件（*.xyz，*.vzv），然后单击"打开"按钮引入矢量数据。

引入 TXT（points）：在 TIN 编辑界面单击"文件"→"引入矢量"→"引入 TXT（points）"菜单项，系统弹出"引入 TXT 格式的点文件"打开对话框，选择与已打开模型匹配的点（一般为控制点或者加密点）文件，单击"打开"按钮即可引入点文件。

引入 CAD（DXF/DWG）：在 TIN 编辑界面单击"文件"→"引入矢量"→"引入 CAD（DXF/DWG）"，在系统弹出的对话框中选择需要打开的 CAD 文件，单击"打开"按钮，引入 CAD 数据。

### 4.3.3.3 采集、编辑特征点线

1. 采集特征点、线、流线（轨迹线）

用户可选取地形特征比较明显的地方，单击菜单栏中的"编辑"→"输入点"/"输入线"/"输入跟踪线"菜单项，或者单击工具条中的相应工具按钮：输入点 、输入线  与输入流线 ，量测特征点或者特征线。在输入特征线时单击鼠标左键开始量测，单击右键结束量测状态。

2. 编辑特征点、线、流线

单击菜单栏中的"编辑"→"选择"菜单项，或者单击工具条中的"编辑"按钮 ，再单击选择点或者线。

若用户需移动已选择的点、线，可直接拖动点、线到新的位置。

若需删除选择的点、线，则需要单击右键结束选择状态，然后单击菜单栏"编辑"→"删除"菜单项，或者单击工具栏"删除"按钮 ，删除已选的点、线。

3. 显示等高线与三角网

用户在编辑的过程中，可实时查看根据已输入特征点、线、流线构建的三角网或等高线。单击菜单栏中的"设置"→"显示等高线"菜单项，或者单击工具栏中的"显示等高线"按钮 ，即可查看等高线，以便用户检查等高线是否可以表达地形特征，并及时做出编辑。单击菜单栏中的"设置"→"显示三角网"菜单项，或者单击工具栏中"显示三角网"按钮 ，显示创建的三角网。

编辑完成后，单击菜单栏中的"编辑"→"创建 DTM"菜单项，或者单击工具条中的"创建 DTM"按钮 ，生成 TIN 格式的 DTM。

4. 输出

单击"文件"→"导出"菜单项，用户可以根据需要输出 DXF 格式的矢量线、三角网、等高线或 DEM。

## 4.4　DEM 拼接检查

一幅完整的图幅或一个测区，一般都是由多个相邻模型或影像组成，必须将多个单模型拼接起来，才是一个完整的产品。

拼接与镶嵌应具备以下条件：

（1）有多个相邻的 Model（模型）及其影像，且必须互相有重叠；

（2）建立全区域每个模型的 DEM，才能对它们进行拼接；

（3）DEM 拼接后，才可以进行正射影像的镶嵌。

### 4.4.1　实习目的与要求

（1）掌握拼接区域的选定及确定拼接产品的路径；
（2）掌握 DEM 拼接参数设置。

### 4.4.2　实习内容

（1）设置多模型拼接区及参数；
（2）对拼接结果进行分析。

### 4.4.3　实习指导

在 VirtuoZo 系统主菜单中，选择菜单"镶嵌"→"设置"项，屏幕弹出拼接与镶嵌参数设置的对话框，如图 4-28 所示。

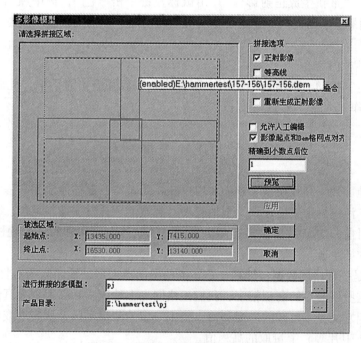

图 4-28　拼接与镶嵌参数设置对话框

该对话框即用于拼接镶嵌范围的选择，也用于镶嵌项目的选择。

对话框参数的填写方法如下：

1. 建立拼接镶嵌产品名及确定产品目录

在"进行拼接的多模型"行，用户输入当前拼接镶嵌产品名。若当前拼接镶嵌产品已存在，则自动覆盖；否则生成新的拼接镶嵌产品。

在"产品目录"行，用户选定或输入拼接镶嵌产品目录，以存放拼接镶嵌后所生成的产品文件。若所输入的目录不存在，则系统自动建立这一新目录。

2. 选择镶嵌区域

方框为拼接镶嵌范围选择区：红色的方框为当前测区下已处理过的单模型 DEM。蓝色虚线组成的区域为用户选择的拼接镶嵌范围。

选择区域方法有两种：

方法一：无人工编辑（鼠标拉动范围）

用鼠标左键对准欲选区域任一角点，然后按住鼠标左键并拖动到对角线上另一点，松开鼠标，即确定了新的拼接镶嵌范围，以蓝色虚线显示。

方法二：允许人工编辑（输入范围）

首先，打开右边的"允许人工编辑"按钮（"√"即为选中状态）。此时被选区域打开，在编辑框中输入确定的 X、Y 值。在"起始点"行，输入区域的起点大地坐标；在"终止点"行，输入区域的终点大地坐标。输入完成后，点击"应用"按钮，则所输入的值自动反映到左上方的选择区中显示出蓝色虚框。

3. "拼接选项"的选择

对话框右上方"拼接选项"框，有四个选项："正射影像"、"等高线"、"正射影像与等高线的叠合"、"重新生成正射影像"。由鼠标左键单击"□"，选中项为"√"。用户可选择是否做正射影像、等高线、正射影像与等高线的叠合影像的镶嵌以及镶嵌之前是否重新生成正射影像等。

4. 确认对话框内容

单击"确定"按钮，则系统接受用户所有输入参数并退出对话框。此后，可进行下面的 DEM 拼接工作。

# 4.5　DEM 精度评定

DEM，即地面数字高程模型（Digital Elevation Model），是描述地面高程空间分布的有序数值阵列。它广泛应用于工程建设、土地管理、区域治理开发、控制定位、高科技武器制导等各个方面。目前，DEM 数据主要有两个来源：从航片上采集和对矢量地图等高线数据利用一定的算法内插生成。

DEM 数据是一种格网数据，即在一定距离的格网点上记录地面高程特性。检查 DEM 精度就是指检查这些格网点的高程精度，我们把格网点上地面实际高程称为真值，它是一个客观存在的值，但它又是不可知的。观测值，指用一定的测量手段，从实地或用来反映实地的介质（如航片、卫片等）上量取的高程值。

DEM 精度评定的几种方法有：

（1）选取典型地貌区域，用实地测量的方法测出格网点的真实高程值。这种方法无疑是比较准确，但是太费时费力，成本太高。

（2）利用出版的地形图，借助一些读图工具，在地图上读取格网点的真实高程值。这是一种行之有效的方法，我们也经常应用。但是不难看出，从地图上读取高程值是一件既枯燥又麻烦的工作，而且，由于各人的视觉估计又不一样，难免降低了"真值"的可信度（特别是在一些地形复杂地区，读图有一定的困难）。

（3）对于利用矢量数字地图插值生成的 DEM 数据，我们采用在计算机监视器上显示矢量地图，同时显示部分或全部格网点位置，利用计算机的放大和检索功能，用人机交互的方式在计算机监视器上判读出格网点的真实高程值。这种方法与第二种方法有一定的相似性，也可以说是从第二种方法演变而来，它具备了第二种方法的优点，并且它只需用鼠标在计算机监视器上操作，十分方便，而且由于在计算机监视器上可以随意将地图放大缩小或进行各种数学变换，可以较为准确地读出格网点的真实高程值。不过，这种方法要求事先已有准备好的比较精确的矢量数字地图，矢量数字地图的精度直接影响这种检查方法的可信度。

（4）立体图检查。显示一幅图的 DEM 数据的三维立体图像，在该图像上也可以看出本幅图的地形走向大致轮廓，同时还可看出个别高程异常点。

### 4.5.1　实习目的与要求

（1）了解 DEM 精度评定的几种方法；
（2）利用单模型三维显示的方法及多模型 DEM 拼接的方法对 DEM 精度进行评定。

### 4.5.2　实习内容

（1）对单模型 DEM 进行显示检查，并对检查后 DEM 进行修正；
（2）对多模型 DEM 进行拼接，并检查其拼接精度。

### 4.5.3　实习指导

DEM 精度评定是将 DEM 获取检查点坐标与检查点原始坐标进行对比，来检验 DEM 的精度。在 VirtuoZo 主界面上单击"DEM 生产"→"DEM 质量检查"，弹出如图 4-29 所示的对话框。通过浏览按钮打开 DEM 文件和保密点文件，在界面左侧列表中即可显示每一个点的误差。一般操作步骤如下：

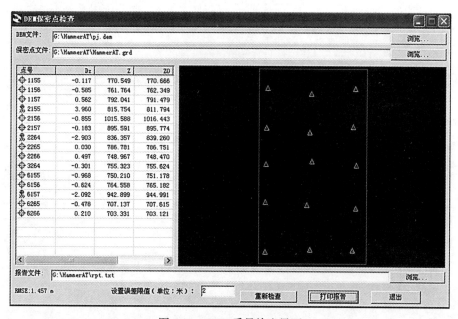

图 4-29　DEM 质量检查界面

（1）选择要进行检查的 DEM 文件；
（2）选择要进行检查的 DEM 对应的控制点或者加密点文件；

（3）设置输出报告的路径和名称；

（4）设置限差；

（5）单击"重新检查"按钮；

（6）单击"打印报告"按钮，查看检查结果。

DEM 质量检查界面说明：

（1）浏览 DEM 文件：弹出文件对话框，选择要进行检查的 DEM 文件。

（2）浏览保密点文件：弹出文件对话框，选择要进行检查的控制点或保密点文件。

（3）浏览报告文件：弹出文件对话框，选择检查结果报告的保存路径和文件名。

（4）设置调整限差：设置限差，单位为米，误差超过限差的点标示为🜨，误差小于限差的点标示为✛。

（5）重新检查：更改限差后，重新进行精度检查。

（6）打印报告：输出检查结果并显示。

（7）退出：退出程序。

（8）保密点列表：从左至右共 6 列，依次标示保密点点号、保密点误差、DEM 内插的保密点高程、保密点实际高程、保密点实际 X 坐标、保密点实际 Y 坐标。

# 第5章 数字正射影像（DOM）生产实习

## 5.1 基础知识

### 5.1.1 正射影像的概念

在进行航空摄影时，由于无法保证摄影瞬间航摄相机的绝对水平，得到的影像是一个倾斜投影的像片，像片各个部分的比例尺不一致，此外，根据光学成像的原理，相机成像时是按照中心投影方式成像的，这样地面上的高低起伏在像片上就会存在投影差。要使影像具有地图的特性，就需要对影像进行倾斜纠正和投影差的改正。经改正，消除各种变形后得到的平行光投影的影像就是正射影像。

作为数字摄影测量的主要产品之一的数字正射影像有如下特点：

第一，数字化数据。用户可按需要对比例尺进行任意调整、输出，也可对分辨率及数据量进行调整，直接为城市规划、土地管理等用图部门以及 GIS 用户服务，同时便于数据传输、共享、制版印刷。

第二，信息丰富。数字正射影像信息量大，地物直观、层次丰富、色彩（灰度）准确、易于判读。应用于城市规划、土地管理、绿地调查等方面时，可直接从图上了解或量测所需数据和资料，甚至能得到实地踏勘无法得到的信息和数据，从而减少了现场踏勘的时间，提高了工作效率。

第三，专业信息。数字正射影像同时还具有遥感专业信息，通过计算机图像处理可进行各种专业信息的提取、统计与分析。如农作物、绿地的调查，森林的生长及病虫害，水体及环境的污染，道路、地区面积统计等。

### 5.1.2 正射影像的制作原理

传统的数字正射影像生产过程包括航空摄影、外业控制点的测量、内业的空中三角测量加密、DEM 的生成和数字正射影像的生成及镶嵌。正射影像生产中的航空摄影、外业控制点的测量、内业的空中三角测量加密、DEM 的生成等部分在前面几章已经进行了详细讨论，下面将讨论正射影像的制作原理。

正射影像制作最根本的理论基础就是构象方程：

$$x = -f\frac{a_1(X_g - X_0) + b_1(Y_g - Y_0) + c_1(Z_g - Z_0)}{a_3(X_g - X_0) + b_3(Y_g - Y_0) + c_3(Z_g - Z_0)}$$
$$y = -f\frac{a_2(X_g - X_0) + b_2(Y_g - Y_0) + c_2(Z_g - Z_0)}{a_3(X_g - X_0) + b_3(Y_g - Y_0) + c_3(Z_g - Z_0)} \tag{5-1}$$

构象方程建立了物方点（地面点）和像方点（影像点）的数学关系，根据这个关系式，任意物方点都可以在影像上找到像点。正射影像的采集过程基本上就是获取物方点的像点过程，其原理如图 5-1 所示。

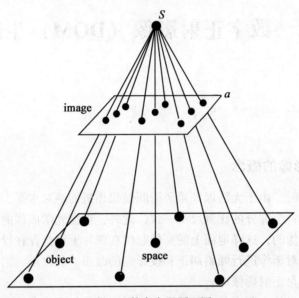

图 5-1 构象方程原理图

### 5.1.3 正射影像的制作技术

数字微分纠正与光学微分纠正一样，其基本任务是实现两个二维图像之间的几何变换。因此与光学微分纠正的基本原理一样，在数字微分纠正的过程中，必须首先确定原始图像与纠正后图像之间的几何关系。设任意像元在原始图像和纠正后图像中的坐标分别为 $(x, y)$ 和 $(X, Y)$。它们之间存在着映射关系：

$$x=f_x (X, Y); \qquad y=f_y (X, Y) \tag{5-2}$$
$$X=F_x (x, y); \qquad Y=F_y (x, y) \tag{5-3}$$

公式（5-2）是由纠正后的像点坐标 $(X, Y)$ 出发反求其在原始图像上的像点坐标 $(x, y)$，这种方法称为反解法（或间接解法）。公式（5-3）则反之，它是由原始图像上像点坐标 $(x, y)$ 解求纠正后图像上相应点坐标 $(X, Y)$，这种方法称为正解法（或直接解法）。

在数控正射投影仪中，一般是利用反解公式（5-2）解求缝隙两端点 $(X_1, Y_1)$ 和 $(X_2, Y_2)$ 所对应的像点坐标 $(x_1, y_1)$ 和 $(x_2, y_2)$，然后由计算机解求纠正参数，通过控制系统驱动正射投影仪的机械、光学系统，实现线元素的纠正。

在数字纠正中，则是通过解求对应像元的位置，然后进行灰度的内插与赋值运算，这里之所以要进行灰度的内插是因为像元位置一般不会刚好落在某个像素上，而是位于某 4 个像素间。下面结合将航空影像纠正为正射影像的过程分别介绍正解法与反解法的数字微分纠正以及数字图像插值采样。

#### 5.1.3.1 正解法采集正射影像

正解法数字微分纠正的原理如图 5-2 所示，它是从原始图像出发，将原始图像上逐个像元素，用正解公式（5-3）求得纠正后的像点坐标。这一方案存在着很大的缺点，即在纠正后的图像上，所得的像点是非规则排列的，有的像元素内可能出现"空白"（无像点），而有的像元素可能出现重复（多个像点），因此很难实现灰度内插并获得规则排列的数字影像。

另外，在航空摄影测量情况下，其正算公式为：

$$X = Z \cdot \frac{a_1 x + a_2 y - a_3 f}{c_1 x + c_2 y - c_3 f}$$

$$Y = Z \cdot \frac{b_1 x + b_2 y - b_3 f}{c_1 x + c_2 y - c_3 f}$$

(5-4)

利用上述正算公式，还必须先知道 $Z$，但 $Z$ 又是待定量 $X$，$Y$ 的函数，为此，要由 $x$，$y$ 求得 $X$，$Y$，必须先假定一近似值 $Z_0$，求得 $(X_1, Y_1)$ 后，再由 DEM 内插得该点 $(X_1, Y_1)$ 处的高程 $Z_1$；然后又由正算公式求得 $(X_2, Y_2)$，如此反复选代，如图 5-2 所示。因此，由正解公式（5-4）计算 $X$，$Y$，实际是由一个二维图像 $(x, y)$ 变换到三维空间 $(X, Y, Z)$ 的过程，它必须是个选代求解过程。

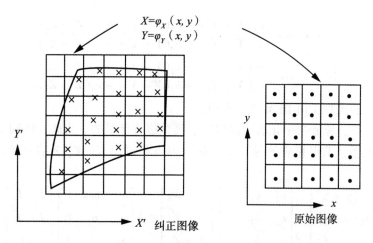

图 5-2　正解法数字微分纠正

5.1.3.2　反解法采集正射影像

反解法采集正射影像的步骤如下：

第一，计算地面点坐标。

设正射影像上任意一点（像素中心）$P$ 的坐标为 $(X', Y')$，由正射影像左下角图廓点地面坐标 $(X_0, Y_0)$ 与正射影像比例尺分母 $M$ 计算 $P$ 点所对应的地面坐标 $(X, Y)$，如图 5-3 所示：

$$\begin{cases} X = X_0 + M \cdot X' \\ Y = Y_0 + M \cdot Y' \end{cases}$$

(5-5)

第二，计算像点坐标。

应用反解公式（5-2）计算原始图像上相应的像点坐标 $p(x, y)$，在航空摄影的情况下，反解公式为共线方程：

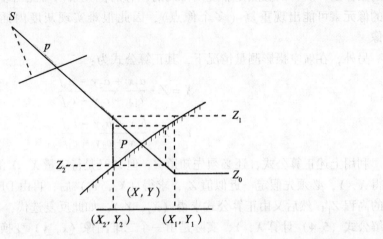

图 5-3　迭代求解

$$\begin{cases} x - x_0 = -f\dfrac{a_1(X - X_s) + b_1(Y - Y_s) + c_1(Z - Z_s)}{a_3(X - X_s) + b_3(Y - Y_s) + c_3(Z - Z_s)} \\[3mm] y - y_0 = -f\dfrac{a_2(X - X_s) + b_2(Y - Y_s) + c_2(Z - Z_s)}{a_3(X - X_s) + b_3(Y - Y_s) + c_3(Z - Z_s)} \end{cases} \tag{5-6}$$

式中，$Z$ 是 $P$ 点的高程，由 DEM 内插求得。

但应注意的是，原始数字化影像是以行、列数进行计量的。为此，应利用影像坐标与扫描坐标之间的关系，求得相应的像元素坐标，但也可以由 $X$，$Y$，$Z$ 直接解求扫描坐标行、列号 $I$，$J$。由

$$\lambda_0 \begin{bmatrix} x - x_0 \\ y - y_0 \\ -f \end{bmatrix} = \begin{bmatrix} a_1 & b_1 & c_1 \\ a_2 & b_2 & c_2 \\ a_3 & b_3 & c_3 \end{bmatrix} \begin{bmatrix} X - X_S \\ Y - Y_S \\ Z - Z_S \end{bmatrix} = \lambda \begin{bmatrix} m_1 & m_2 & 0 \\ n_1 & n_2 & 0 \\ 0 & 0 & 1 \end{bmatrix} \begin{bmatrix} I - I_0 \\ J - J_0 \\ -f \end{bmatrix}$$

$$\lambda \begin{bmatrix} I - I_0 \\ J - J_0 \\ -f \end{bmatrix} = \begin{bmatrix} m'_1 & m'_2 & 0 \\ n'_1 & n'_2 & 0 \\ 0 & 0 & 1 \end{bmatrix} \begin{bmatrix} a_1 & b_1 & c_1 \\ a_2 & b_2 & c_2 \\ a_3 & b_3 & c_3 \end{bmatrix} \begin{bmatrix} X - X_S \\ Y - Y_S \\ Z - Z_S \end{bmatrix}$$

简化后，即可得

$$\begin{aligned} I &= \frac{L_1 X + L_2 Y + L_3 Z + L_4}{L_9 X + L_{10} Y + L_{11} + 1} \\[3mm] J &= \frac{L_5 X + L_6 Y + L_7 Z + L_8}{L_9 X + L_{10} Y + L_{11} + 1} \end{aligned} \tag{5-7}$$

根据公式（5-7）即可由 $X$，$Y$，$Z$ 直接获得数字化影像的像元素坐标。

### 5.1.3.3　数字图像插值采样

当欲知不位于矩阵（采样）点上的原始函数 $g(x, y)$ 的数值时就需进行内插，此时称为重采样（resampling），意即在原采样的基础上再一次采样。每当数字影像进行几何处理时总会产生这一问题，其典型的例子是影像的旋转、核线排列与数字纠正等。栅格 DEM 在处理中也存在相同的问题。显然，在数字影像处理的摄影测量应用中常常会遇到一种或多种

这样的几何变换，因此，重采样技术对摄影测量学是很重要的。

根据采样理论可知，当采样间隔 $\Delta x$ 等于或小于 $1/2f_l$，而影像中大于 $f_l$ 的频谱成分为零时，则原始影像 $g(x)$ 可以由下式计算恢复：

$$g(x) = \sum_{k=-\infty}^{+\infty} g(k\Delta x) \cdot \delta(x - k\Delta x) \cdot \frac{\sin 2\pi f_l x}{2\pi f_l x}$$

$$= \sum_{k=-\infty}^{+\infty} g(k\Delta x) \frac{\sin 2\pi f_l(x - k\Delta x)}{2\pi f_l(x - k\Delta x)} \tag{5-8}$$

式（5-8）可以理解为原始影像与 sinc 函数的卷积，采用了 sinc 函数作为卷积核。但是这种运算比较复杂，所以常用一些简单的函数代替 sinc 函数。以下介绍三种实际操作中常用的重采样方法。

1. 双线性插值法

双线性插值法的卷积核是一个三角形函数，表达式为：

$$W(x) = 1 - (x), \quad 0 \leqslant |x| \leqslant 1 \tag{5-9}$$

可以证明，利用式（5-9）作卷积对任一点进行重采样与用 sinc 函数有一定的近似性。此时，需要该点 $P$ 邻近的 4 个原始像元素参加计算，如图 5-4 所示。图 5-4 中 "$b$" 表示式（5-9）的卷积核图形在沿 $x$ 方向进行重采样时所应放的位置。

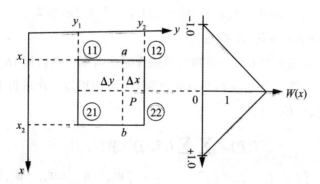

图 5-4　$P$ 点与其临近的 4 个原始像元素

计算可沿 $x$ 方向和 $y$ 方向分别进行。即先沿 $y$ 方向分别对点 $a$，$b$ 的灰度值重采样。再利用这两点沿 $x$ 方向对 $P$ 点重采样。在任一方向作重采样计算时，可使卷积核的零点与 $P$ 点对齐，以读取其各原始像元素处的相应数值。实际上，可以把两个方向的计算合为一个，即按上述运算过程，经整理归纳以后直接计算出 4 个原始点对点 $P$ 所作贡献的 "权" 值，以构成一个 $2 \times 2$ 的二维卷积核 $W$（权矩阵），把它与 4 个原始像元灰度值构成的 $2 \times 2$ 点阵 $I$ 作哈达玛（Hadamarard）积运算得出一个新的矩阵。然后把这些新的矩阵元素相累加，即可得到重采样点的灰度值 $I(P)$ 为：

$$I(P) = \sum_{i=1}^{2} \sum_{j=1}^{2} I(i, j) \cdot W(i, j) \tag{5-10}$$

其中，

$$I = \begin{bmatrix} I_{11} & I_{12} \\ I_{21} & I_{22} \end{bmatrix} \quad W = \begin{bmatrix} W_{11} & W_{12} \\ W_{21} & W_{22} \end{bmatrix}$$

$$W_{11} = W(x_1)W(y_1)\,; \quad W_{12} = W(x_1)W(y_2)$$
$$W_{21} = W(x_2)W(y_1)\,; \quad W_{22} = W(x_2)W(y_2)$$

而此时按式（5-10）及图5-4，有

$$W(x_1) = 1 - \Delta x, \ W(x_2) = \Delta x, \ W(y_1) = 1 - \Delta y, \ W(y_2) = \Delta y$$

$$\begin{cases} \Delta x = x - \mathrm{INT}(x) \\ \Delta y = y - \mathrm{INT}(y) \end{cases}$$

点 $P$ 的灰度重采样值为：

$$I(P) = W_{11}I_{11} + W_{12}I_{12} + W_{21}I_{21} + W_{22}I_{22}$$
$$= (1 - \Delta x)(1 - \Delta y)I_{11} + (1 - \Delta x)\Delta y I_{12} + \Delta x(1 - \Delta y)I_{21} + \Delta x \Delta y I_{22}$$

$$(5\text{-}11)$$

2. 双三次卷积法

卷积核也可以利用三次样条函数。Rifman 提出的下列式（5-12）的三次样条函数比较更接近于 sinc 函数。其函数值为：

$$\begin{cases} W_1(x) = 1 - 2x^2 + |x|^3, & 0 \leq |x| \leq 1 \\ W_2(x) = 4 - 8|x| + 5x^2 - |x|^3, & 1 \leq |x| \leq 2 \\ W_3(x) = 0, \ 2 \leq |x| \end{cases} \quad (5\text{-}12)$$

利用式（5-12）作卷积核对任一点进行重采样时，需要该点四周 16 个原始像元参加计算，如图 5-5 所示。计算可沿 $x$，$y$ 两个方向分别运算，也可以一次求得 16 个邻近点对重采样点 $P$ 的贡献的"权"值。此时

$$I(P) = \sum_{i=1}^{4} \sum_{j=1}^{4} \boldsymbol{I}(i, j) \cdot \boldsymbol{W}(i, j) \quad (5\text{-}13)$$

$$\boldsymbol{I} = \begin{bmatrix} I_{11} & I_{12} & I_{13} & I_{14} \\ I_{21} & I_{22} & I_{23} & I_{24} \\ I_{31} & I_{32} & I_{33} & I_{34} \\ I_{41} & I_{42} & I_{43} & I_{44} \end{bmatrix} \quad \boldsymbol{W} = \begin{bmatrix} W_{11} & W_{12} & W_{13} & W_{14} \\ W_{21} & W_{22} & W_{23} & W_{24} \\ W_{31} & W_{32} & W_{33} & W_{34} \\ W_{41} & W_{42} & W_{43} & W_{44} \end{bmatrix}$$

$$W_{11} = W(x_1)\ W(y_1)$$
$$\cdots$$
$$W_{44} = W(x_4)\ W(y_4)$$
$$W_{ij} = W(x_i)\ W(y_j)$$

其中，

$$x\text{ 方向：} \begin{cases} W(x_1) = W(1 + \Delta x) = -\Delta x + 2\Delta x^2 - \Delta x^3 \\ W(x_2) = W(\Delta x) = 1 - 2\Delta x^2 + \Delta x^3 \\ W(x_3) = W(1 - \Delta x) = \Delta x + \Delta x^2 - \Delta x^3 \\ W(x_4) = W(2 - \Delta x) = -\Delta x^2 + \Delta x^3 \end{cases}$$

$$y\ \text{方向}: \begin{cases} W(y_1) = W(1 + \Delta y) = -\Delta y + 2\Delta y^2 - \Delta y^3 \\ W(y_2) = W(\Delta y) = 1 - 2\Delta y^2 + \Delta y^3 \\ W(y_3) = W(1 - \Delta y) = \Delta y + \Delta y^2 - \Delta y^3 \\ W(y_4) = W(2 - \Delta y) = -\Delta y^2 + \Delta y^3 \end{cases}$$

而按式（5-13）及图 5-5 的关系：

$$\begin{cases} \Delta x = x - \text{INT}(x) \\ \Delta y = y - \text{INT}(y) \end{cases}$$

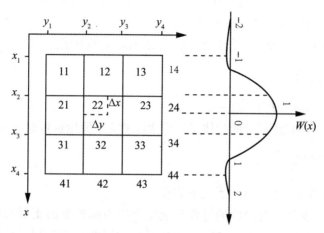

图 5-5　重采样点的灰度值之间的关系

利用上述三次样条函数重采样方法的中误差约为双线性内插法的 1/3，但计算工作量增大。

3. 最邻近像元法

直接取与 $P(x, y)$ 点位置最近像元 $N$ 的灰质值为核点的灰度作为采样值，即

$$I(P) = I(N)$$

$N$ 为最邻近点，其影像坐标值为：

$$\begin{cases} x_N = \text{INT}(x + 0.5) \\ y_N = \text{INT}(y + 0.5) \end{cases} \tag{5-14}$$

INT 表示取整。

以上 3 种重采样方法以最邻近像元法最简单，计算速度快且能不破坏原始影像的灰度信息。但其几何精度较差，最大可达到 0.5 像元。前两种方法几何精度较好，但计算时间较长，特别是双三次卷积法较费时。在一般值况下用双线性插值法较宜。

## 5.2　正射影像制作

正射影像制作过程就是一个微分纠正的过程。传统方法的摄影测量中，微分纠正利用光学方法纠正图像。例如，在模拟摄影测量中应用纠正仪将航摄像片纠正成为像片平面图，在解析摄影测量中利用正射投影仪制作正射影像地图。随着近代遥感技术中许多新的传感器的

出现，产生了不同于传统的框幅式航摄像片的影像，使得传统的光学纠正仪器难以适应这些影像的纠正任务，而且这些影像中有许多本身就是数字影像，不便使用这些光学纠正仪器。所以，使用数字影像处理技术，不仅便于影像增强、反差调整等，而且可以非常灵活地应用到影像的几何变换中，形成数字微分纠正技术。根据有关的参数与数字地面模型，利用相应的构像方程式，或按一定的数学模型用控制点解算，从原始非正射投影的数字影像获取正射影像，这种过程就是将影像化为很多微小的区域逐一进行，并且使用的是数字方式处理。

### 5.2.1 实习目的与要求

（1）掌握正射影像分辨率的正确设置，制作单模型的数字正射影像；
（2）掌握 DEM 拼接及自动正射影像镶嵌；
（3）掌握按 DEM 生产整体正射影像和多个正射影像的方法。

### 5.2.2 实习内容

（1）按模型生产单模型的正射影像；
（2）按 DEM 生产 DEM 对应的整体正射影像以及多个原始影像对应的正射影像。

### 5.2.3 实习指导

#### 5.2.3.1 按模型生产当前模型的正射影像

按模型生产当前模型正射影像的过程只能生产出当前模型的正射影像。具体操作：在 VirtuoZo 主菜单中，单击 "DOM 生产" → "生成正射影像" 菜单项，系统自动进行单模型正射影像的生成，其生产参数在系统的 "设置" 功能中的 "正射影像参数" 对话框中指定。具体操作：单击 "设置" → "正射影像参数" 菜单项，系统弹出 "设置正射影像" 对话框，如图 5-6 所示。

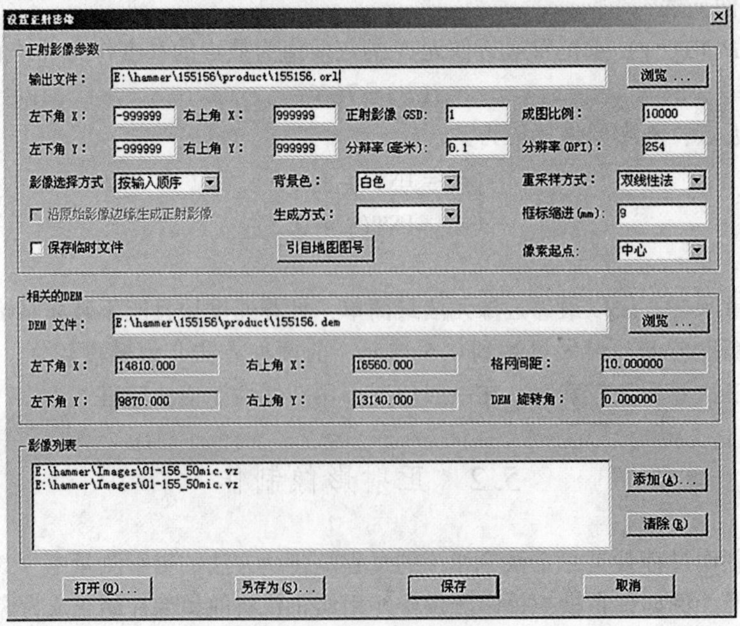

图 5-6　设置正射影像参数

86

相关参数设置含义如下：

1. 正射影像参数

（1）输出文件：定义所生成的正射影像文件名。

（2）左下角 X、Y：指定所生成的正射影像左下角坐标。

（3）右上角 X、Y：指定所生成的正射影像右上角坐标。

（4）正射影像 GSD：指定所生成的正射影像的地面分辨率。单位为米/像素。

（5）成图比例：正射影像比例尺分母。该值同正射影像 GSD 相互关联，输入其中一个，另一个将随之自动调整。

（6）分辨率（毫米）、分辨率（DPI）：成图分辨率。单位分别为毫米（mm）和点/英寸（DPI），输入其中一个，另一个将随之自动调整。

（7）影像选择方式：影像的采集顺序，有三个选项：按输入顺序、与输入相反的顺序和按最近顶点。

（8）背景色：指定所生成的正射影像的背景色，有黑色和白色两个选项。

（9）重采样方式：指定生成正射影像所采用的重采样方法，有三个选项：邻近点法、双线性法和双三次法。

（10）沿原始影像边缘生成正射影像：选中该选项，则系统在生成正射影像时，将按照原始影像可覆盖到的边界范围来生成正射影像，而不是按照 DEM 的范围来生成正射影像。当 DEM 的边界范围大于原始影像覆盖范围时，选择此功能可减少正射影像的数据量。如果选择使用三角网生成方式，该选项变灰。

（11）框标缩进：为避免在纠正原始影像时在框标处采样，可以设置一个框标缩进值。对于量测相机影像默认缩进值为 9 毫米。其他类型影像无缩进。

（12）生成方式：有三角网和矩形格网两个选项。三角网能够更详细地表达地面信息，系统可以使用强制构造三角网信息，对影像，特别是山脊、断裂等地貌的影像进行较好的纠正。使用矩形格网，生成速度较快，但纠正的效果不如三角网好。

（13）保存临时文件：选中此项，系统在同级目录下保存纠正单张原始影像时得到的正射影像。

（14）引自地图图号：引入地图图幅编号，从而确定生成正射影像的坐标范围。

（15）像素起点：在像素起点下拉列表中选择像素起点的位置：中心、左上角、左下角。

2. 相关的 DEM

（1）DEM 文件：指定生成正射影像所使用的 DEM。

（2）左下角 X、Y：显示 DEM 的左下角坐标。

（3）右上角 X、Y：显示 DEM 的右上角坐标。

（4）格网间距：显示 DEM 的格网间距。

（5）DEM 旋转角：显示 DEM 的旋转角度。

3. 影像列表

生成正射影像所使用的原始影像，可以为单张或多张影像，单击"添加"和"清除"按钮来增加和减少影像。

4. 按钮说明

（1）打开：打开其他正射影像参数文件，进行修改。

（2）另存为：把当前参数另存为其他文件。

（3）保存：参数存盘退出，影像参数将存放在"<当前立体模型目录名>\<当前立体模型名>.otp"文件中。

（4）取消：取消本次操作并退出。

（5）正射影像结果文件：缺省情况下，由单模型生成的正射影像文件"<立体模型名>.orl"或"<立体模型名>.orr"，存放于"<测区目录名>\<立体模型名>\product"目录中。

5.2.3.2　一次生成多模型正射影像

一次生成多模型正射影像可以生成一个 DEM 对应的所有原始影像的正射影像，同时也可以进行拼接，最终只输出一个整体的正射影像。具体操作：先生成多模型的 DEM，或拼接整体 DEM，然后在 VirtuoZo 主菜单中，单击"DOM 生产"→"正射影像"制作菜单项，弹出"根据原始影像和 DEM 采集正射影像"对话框，如图 5-7 所示。用户可以在此设置正射影像的参数。

图 5-7　正射影像制作界面

相关参数设置含义如下：

（1）DEM 文件：单击"DEM 文件"右边的浏览按钮，打开 *.DEM 文件。

（2）添加原始影像：单击引入与打开的 DEM 对应的原始影像。

（3）默认相机参数：单击引入原始影像对应的相机参数。

（4）结果：定义生成正射影像的文件名。

（5）起点 X：生成正射影像左下角起始点 $X$ 坐标。

（6）起点 Y：生成正射影像左下角起始点 $Y$ 坐标。

（7）列数：生成正射影像的列数。

（8）行数：生成正射影像的行数。

（9）旋转角度（以弧度为单位）：正射影像旋转。

（10）地面分辨率：正射影像的地面分辨率，单位米/像素。

（11）产生每个原始影像的正射影像：选择此复选框，则系统自动生成 DEM 对应的每个原始影像的正射影像。

（12）选择 DEM 的有效范围：单击该按钮，系统弹出如图 5-8 所示的界面，用户可以在此设置生成正射影像的范围以及旋转角度。

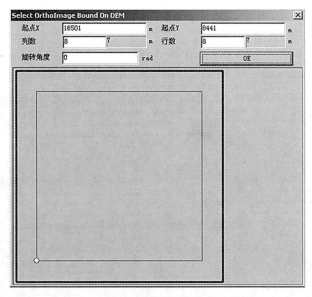

图 5-8　正射影像制作设置 DEM 范围

第二种方式与第一种方式的相同之处在于两者都要先生成多模型的 DEM，然后由多模型的 DEM 生成多影像的正射影像，不同之处在于采用第二种方式制作正射影像的同时可以对正射影像进行裁剪。

## 5.3　正射影像拼接与裁切

正射影像起着重要的基础数据信息层的作用，而在应用过程中，当研究区域处于几幅图像的交界处或研究区很大，需多幅图像才能覆盖时，图像的拼接就必不可少了。如果对相邻影像间的辐射度的差异不做任何处理进行影像拼接时，往往会在拼接线处产生假边界，这种假边界会给影像的判读带来困难和误导，同时也影响了影像地图的整体效果。此外，在影像的获取过程中，由于各种环境因素使得每条航带内的影像和航带间相互连接的影像都存在色差、亮度等多方面不同程度的差异，故在正射影像制作中需要用专门的软件来对影像进行处理。

### 5.3.1　实习目的与要求

（1）了解正射影像的拼接原理；

（2）掌握正射影像拼接操作方法。

### 5.3.2 实习内容

（1）正射影像拼接工程参数设置；
（2）添加待拼接正射影像；
（3）拼接线合理选择。

### 5.3.3 实习指导

在 VirtuoZo 系统主菜单中，选择菜单"DOM 生产"→"正射影像拼接"选项，屏幕弹出"OrthoMzx"对话框，如图 5-9 所示。

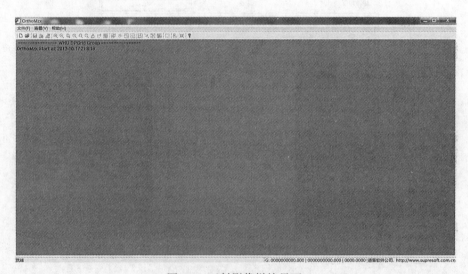

图 5-9　正射影像拼接界面

然后选择菜单"文件"→"新建"菜单项，弹出"参数设置"对话框，如图 5-10 所示。

图 5-10　参数设置

选择"工程路径"，新建工程文件，弹出"打开"对话框，如图 5-11 所示。
点击"打开"按钮，新建工程成功，点击"文件"→"添加影像"菜单项，添加需要

图 5-11　打开正射影像拼接工程

拼接的正射影像，单击"处理"→"生成拼接线"菜单项，即生成了红色的拼接线，如图5-12 所示。

图 5-12　正射影像拼接生成拼接线

单击"处理"→"编辑拼接线"菜单项，即可开始用鼠标编辑拼接线。用鼠标移动或者添加拼接线上的节点，拼接线变化后即可查看拼接效果。通过调整拼接线使拼接线两边的影像过渡更自然，色差更小。

单击"处理"→"拼接影像"，即开始按照拼接线拼接影像，拼接完的成果放在工程目录下。

## 5.4　正射影像编辑

自动生成的大比例尺的正射影像，对于高大的建筑物、高悬于河流之上的大桥及高差较大的地物，它们很可能会出现严重的变形。对于用左右片（或多片）同时生成的正射影像，有时还会在影像接边处出现重影等情况。这些变形会对实际生产造成不利的影响，可采取正射影像修补的方法对其进行校正。

### 5.4.1 实习目的与要求

（1）了解正射影像修补的背景；
（2）掌握正射影像修补的方法及流程。

### 5.4.2 实习内容

（1）了解正射影像的修补过程；
（2）局部区域选择与修改；
（3）选择较好的正射影像，对有问题的区域进行局部替换；
（4）调用 Photoshop 软件对局部正射影像进行修改；
（5）通过修改 DEM 重新生成正射影像方式对局部进行编辑；

### 5.4.3 实习指导

1. 进入 OrthoEdit 界面

在 VirtuoZo 界面上单击"DOM 生产"→"正射影像编辑"菜单项，系统弹出 OrthoEdit 窗口，如图 5-13 所示。

图 5-13　正射影像编辑

2. 打开正射影像

在 OrthoEdit 窗口中单击"文件"→"打开"菜单项，在系统弹出的打开对话框中选择需要进行编辑的正射影像，然后单击"打开"按钮，系统即显示影像视图，如图 5-14 所示。

3. 选择区域

单击"编辑"→"选择区域"菜单项，或者单击右键，在弹出的编辑菜单中，选择"选择区域"，即可用鼠标左键在影像上选择多边形区域进行编辑，如图 5-15 所示。

4. 编辑

在选择了需要编辑的区域后，即可进行编辑处理。OrthoEdit 支持多种方式编辑正射影像，包括调用 Ps 处理、修改 DEM 重纠、参考影像替换、挖取原始影像填补、指定颜色填充、匀色匀光和调整亮度对比度等。

图 5-14 正射影像编辑打开影像后

图 5-15 选择编辑区域

（1）调用 Ps 处理：单击菜单栏中的"编辑"→"调用 Ps 处理"菜单项，或者单击工具栏中的"调用 Ps 处理"图标 。第一次调用 Ps，会提示用户设置 Photoshop. exe 的路径，如图 5-16 所示。

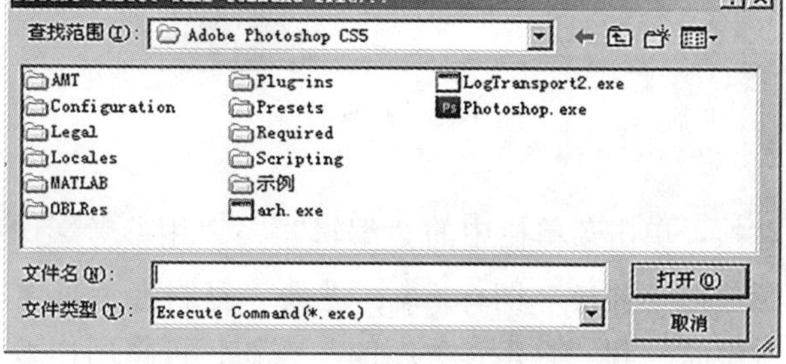

图 5-16 指定 Photoshop 软件路径

设置正确即可进入 Ps 界面，如图 5-17 所示，在 Ps 中处理完毕后，保存退出，OrthoEdit 中影像被编辑的部分即更新了编辑结果。

图 5-17　在 Ps 中处理影像

（2）修改 DEM 重纠影像：单击菜单栏中的"编辑"→"修改 DEM 重纠影像"菜单项，或者单击工具栏中的"修改 DEM 重纠影像"图标 ，即弹出"修改 DEM 重新采集正射影像"对话框，如图 5-18 所示。设置 DEM 文件的路径，选择原始影像文件（原始影像所在文件夹下需要有对应的 IOP 文件、相机文件和 SPT 文件）。这时候可以点击"DEM 编辑"按钮进行 DEM 编辑，也可不做 DEM 编辑，直接点击"正射纠正"按钮，重新采集正射影像，纠正完毕后在对话框左边窗口中会显示纠正后的结果，最后单击"确认"按钮，退出即可更新所选区域。

图 5-18　修改 DEM

（3）用参考影像替换：单击菜单栏中的"编辑"→"用参考影像替换"菜单项，或者单击工具栏中的"用参考影像替换"图标 ，进入"复制参考影像"对话框，如图 5-19 所示。使用"新加参考影像"和"移走参考影像"按钮，可将用作参考的正射影像文件添加到或移出左侧的影像列表。添加了影像后，点击"确认"按钮即可用参考影像对应部分替换所选区域。

图 5-19　从参考影像挖取

（4）从原始影像挖取：单击菜单栏中的"编辑"→"从原始影像挖取"菜单项，或者单击工具栏中的"从原始影像挖取"的图标■，在弹出的文件对话框中，选取一张原始影像，进入到"从原始影像挖取"对话框。

（5）用指定颜色填充：单击菜单栏中的"编辑"→"从指定颜色填充"菜单项，或者单击工具栏中的"用指定颜色填充"的图标◆，在弹出的"颜色"对话框中选取一种颜色，单击"确定"按钮即可用该颜色填充所选区域。

（6）调整亮度对比度：单击菜单栏中的"编辑"→"调整亮度对比度"菜单项，或者单击工具栏中的"用调整亮度对比度"的图标●，即可进入"亮度/对比度调节"对话框。使用鼠标调整亮度和对比度滚动条的位置，如图 5-20 所示，单击"保存"按钮即可改变所选区域的亮度和对比度。

图 5-20　亮度对比度调节

（7）匀色匀光：单击菜单栏中的"编辑"→"匀色匀光"菜单项，或者单击工具栏中的"匀色匀光"的图标 ❋，进入"匀色匀光调整"对话框，如图 5-21 所示。调整色彩相关系数和亮度相关系数，勾选"匀色"和"匀光"，即进行相应的处理。点击"结果预览"按钮可以预览处理结果。单击"保存"按钮即可保存对所选区域处理的结果。

图 5-21　匀色和匀光处理

**5. 保存退出**

在 OrthoEdit 界面单击"文件"→"保存"菜单项，可保存当前编辑结果，全部编辑完成并保存后，可单击"文件"→"退出"菜单项退出程序。

# 5.5　正射影像图制作

正射影像图的制作就是根据像片的内外方位元素和地面数字高程模型对数字化的航空影像（黑白/彩色）或遥感影像进行逐像元辐射改正、数字微分纠正，得其正射影像，再进行影像镶嵌、图廓裁切、图幅整饰及数据复合的过程。目前，随着计算机技术和影像处理技术的发展，以数字形式存在的影像图件在生产技术上日趋成熟并不断完善，并与方兴未艾的城市 GIS 技术相得益彰，应用广泛。特别是数字影像图在色彩处理方面的优越性，使其更具应用价值。利用正射影像图勾绘地物图形进行地形图生产，就是曾经广为应用的像片图测图，这种技术现在仍然有其生命力。同时，由于城市基本地形和像控点数据变化较小，更利于形成有效的可持续利用的 DEM 和像控点库，使正射影像图生产更为经济和快捷。

## 5.5.1　实习目的与要求

（1）了解正射影像图的制作原则、步骤及流程；
（2）熟悉掌握图幅整饰的流程。

### 5.5.2 实习内容

（1）了解正射影像图制作的基本原则、规范；

（2）正射影像图的坐标系统、图廓参数、格网参数的设定；

（3）正射影像图的图幅信息的设定；

（4）正射影像图的最终生成。

### 5.5.3 实习指导

5.5.3.1 启动 DiPlot 界面

在 VirtuoZo 界面上单击"DOM 生产"→"影像地图制作"菜单项，系统弹出"DiPlot"窗口。在 DiPlot 界面，单击"文件"→"打开"菜单项，在系统弹出的打开对话框中选择需要进行图廓整饰的正射影像，然后单击"打开"按钮，系统即显示影像，如图 5-22 所示。

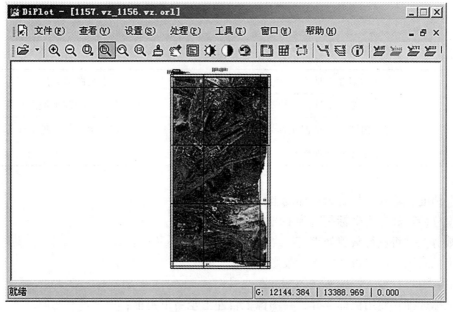

图 5-22　DiPlot 主界面

5.5.3.2 引入数据

在 DiPlot 界面，使用"处理"菜单中的"引入设计数据"、"引入调绘数据"、"引入测图数据"、"引入 CAD 数据"可分别引入对应格式的矢量数据；使用"处理"菜单中的"删除矢量数据"，可删除引入的矢量；使用"处理"菜单中的"添加路线"、"添加直线"、"添加文本"菜单项，可直接在地图上绘制路线、直线和文本注记。

5.5.3.3 设置参数

在 DiPlot 界面，使用"设置"菜单中的各个菜单项，可以设置影像图的各个参数。

（1）设置图廓参数：在 DiPlot 窗口，单击"设置"→"设置图廓参数"菜单项，进入"图框设置"对话框，如图 5-23 所示，图廓参数设置按钮具体说明如下：

①表 5-1 说明了图框坐标代表的意义；

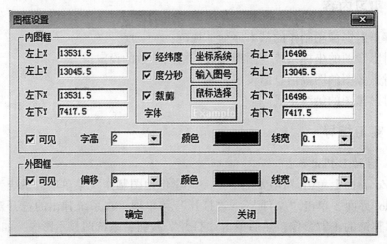

图 5-23　图廓参数设置

表 5-1　　　　　　　　　　　　　　　　　　　　　图框坐标

| 左上 X | 左上角图廓 X 地面坐标 | 右上 X | 右上角图廓 X 地面坐标 |
|---|---|---|---|
| 左上 Y | 左上角图廓 Y 地面坐标 | 右上 Y | 右上角图廓 Y 地面坐标 |
| 左下 X | 左下角图廓 X 地面坐标 | 右下 X | 右下角图廓 X 地面坐标 |
| 左下 Y | 左下角图廓 Y 地面坐标 | 右下 Y | 右下角图廓 Y 地面坐标 |

②经纬度：输入值是否为经纬度坐标；

③度分秒：经纬度坐标是否为 DD. MMSS 格式；

④裁剪：是否进行裁剪处理；

⑤坐标系统：设置影像的坐标投影系统；

⑥输入图号：输入影像所在的标准图幅号；

⑦鼠标选择：使用鼠标选择，在图像上自左上至右下拖框；

⑧字体：设置坐标值在图上显示的字体；

⑨可见（内图框）：内图框是否可见；

⑩字高：坐标值文字的高度大小；

⑪颜色（内图框）：设置内图框的颜色；

⑫线宽（内图框）：设置内图框的线宽；

⑬可见（外图框）：外图框是否可见；

⑭偏移：外图框相对内图框的偏移；

⑮颜色（外图框）：设置外图框的颜色；

⑯线宽（外图框）：设置外图框的线宽；

⑰确定：保存设定并返回 DiPlot 界面；

⑱关闭：关闭设定并返回 DiPlot 界面。

（2）设置格网参数：在 DiPlot 界面，单击"设置"→"设置格网参数"菜单项，进入方里格网设置对话框，如图 5-24 所示，方里格网参数设置按钮具体说明如下：

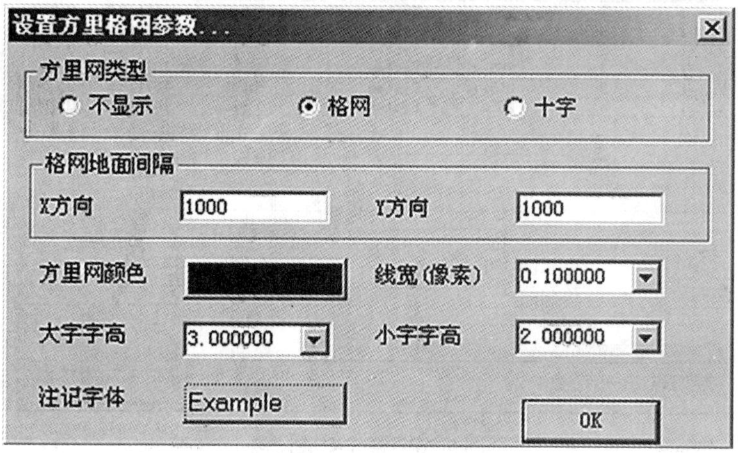

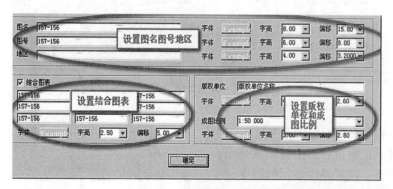

图 5-24　方里格网设置

①方里网类型：设置方里格网的类显示类型，分为不显示、格网显示、十字显示三种；
②格网地面间隔：设置方里格网在 X 方向和 Y 方向上的间隔，单位为米；
③方里网颜色：设置方里格网的显示颜色；
④线宽：设置方里格网线的宽度；
⑤注记字体：设置注记文字的字体；
⑥大字字高：坐标注记字百公里以下的部分的字高，单位为毫米；
⑦小字字高：坐标注记字百公里以上的部分的字高，单位为毫米；
⑧OK：保存设置并返回 DiPlot 界面。

（3）设置图幅信息：在 DiPlot 界面，单击"设置"→"设置图幅信息"菜单项，进入图幅信息设置对话框，如图 5-25 所示。

图 5-25　图幅信息设置

（4）设置路线显示参数：在 DiPlot 界面，单击"设置"→"设置路线显示参数"菜单项，进入路线图层设置对话框，如图 5-26 所示。

路线列表中每一行显示一条路线的信息，要对某条路线参数进行设置，使用鼠标双击路

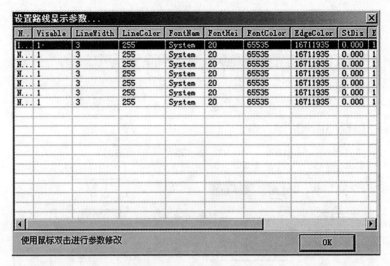

图 5-26    路线图层设置

线列表中该路线，弹出"路线显示参数"对话框，如图 5-27 所示。路线显示参数设置按钮
具体说明如下：

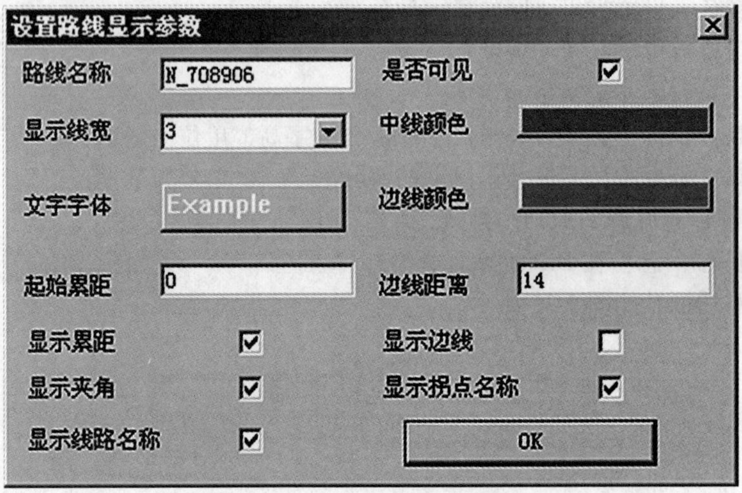

图 5-27    路线显示参数设置

①路线名称：设置路线的名字；
②是否可见：是否在图上显示该路线；
③显示线宽：设置路线显示的宽度；
④中线颜色：设置路线中线的颜色；
⑤边线颜色：设置路线边线的颜色；
⑥文字字体：设置文字字体；
⑦起始累距：设置起始累距；
⑧边线距离：设置边线与中线的偏移；

⑨显示累距：是否显示累距；

⑩显示夹角：是否显示夹角；

⑪显示线路名称：是否显示路线名称；

⑫显示边线：是否显示边线；

⑬显示拐点名称：是否显示拐点的名称；

⑭OK：保存设置并返回路线显示参数设置界面。

（5）按层设置显示参数：在 DiPlot 界面，单击"设置"→"按层设置显示参数"菜单项，进入按层设置显示参数对话框，如图 5-28 所示。该对话框的作用是分层设置矢量的显示参数。

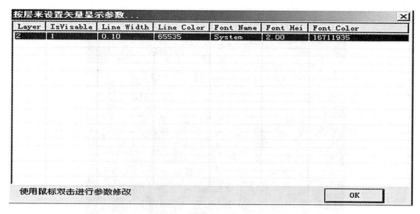

图 5-28　矢量图层设置

层列表中每一行显示一个图层的信息，要对某层参数进行设置，使用鼠标双击层列表中的该层，弹出矢量显示对话框，如图 5-29 所示。

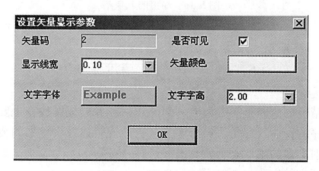

图 5-29　单个矢量设置

在矢量显示对话框中，可以设置该层的矢量是否可见，显示线宽、颜色、文字字体和字高等属性。

5.5.3.4　输出成果

完成设置和编辑后，单击"编辑"→"输出成果图"，弹出输出设置的对话框，如图 5-30所示。设置成果文件路径和名称，以及保留边界，然后单击"确定"按钮即可。图 5-31是输出完毕后的成果展示。

图 5-30 输出成果路径

图 5-31 输出的成果图

## 5.6 正射影像精度评定

影响正射影像精度的原因是多方面的，对于正射影像的成图检查也要从对生产过程的监督入手，检查各工序的作业程序是否符合国家、行业规范以及设计书的要求，各项精度指标是否达到要求，正射影像的生产是否做到有序进行，等等。

正射影像精度评定的方法主要如下：

(1) 采用间距法进行检查，将正射影像图与数字线划图叠加。

①通过量取正射影像图上明显地物点的坐标，与数字化地形图上同名点坐标相比较，以评定平面位置精度。地形图采用同精度或者高于本项目比例尺的地形图。

②通过对同期加密成果恢复立体模型所采集的明显地物点，与正射影像同名地物点相比较，以评定平面位置精度。

③通过野外 GPS 采集明显地物点，与影像同名地物相比较，以评定平面位置精度。检测仪器应采用不低于相应测量精度要求的 GPS-RTK 接收机、全站仪。

根据图幅的具体情况，选取明显同名地物点，所选取的点位尽量分布均匀，每幅图采集点数原则上不少于 20 个点，并计算相邻地物间中误差。

（2）接边检查。

①精度检查：取相邻两数字正射影像图重叠区域处的同名点，读取同名点的坐标，检查同名点的校差是否符合限差，以此作为评定接边精度的依据。

②接边处影像检查：通过计算机目视检查，目视法检测相邻数字正射影像图幅接边处影像的亮度、反差、色彩是否基本一致，是否无明显失真、偏色现象。

（3）图面质量检查。

通过对正射影像图进行计算机目视检查。图幅内应具备以下特点：反差适中，色调均匀，纹理清楚，层次丰富，无明显失真、偏色现象，无明显镶嵌接缝及调整痕迹，无因影像缺损（纹理不清、噪音、影像模糊、影像扭曲、错开、裂缝、漏洞、污点划痕等）而造成无法判读影像信息和精度的损失。

经实践验证，以上 3 种方法均为检查正射影像质量行之有效的方法。

### 5.6.1　实习目的与要求

（1）理解正射影像精度评定的原理；
（2）了解正射影像精度评定的方法和步骤；
（3）对自己所生成的正射影像进行评定。

### 5.6.2　实习内容

（1）准备评定的材料，主要是已知控制点图、坐标等；
（2）通过对控制点量测检查，实现对正射影像精度的评定。

### 5.6.3　实习指导

5.6.3.1　启动 OrthoQChk 界面

在 VirtuoZo 主界面上选择"DOM 生产"→"正射影像质量检查"，系统调出正射影像质量检查模块 OrthoQChk，选择"文件"→"打开"菜单，打开一幅要进行检查的正射影像，界面如图 5-32 所示。

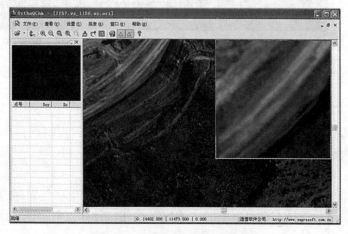

图 5-32　正射影像质量检查界面

### 5.6.3.2  导入控制点

点击"文件"→"导入控制点"菜单,弹出"控制点属性"对话框,如图 5-33 所示,选择控制点文件路径和控制点点位图片文件夹目录。

图 5-33  设置检查点文件

单击"确定"按钮,控制点导入之后界面如图 5-34 所示。

图 5-34  检查点显示

### 5.6.3.3  检查各个控制点的精度

在窗口左侧边栏控制点列表中,双击一个点号标记为 ✛ 的控制点,在界面右上方的小窗口中会出现放大后的控制点点位,如图 5-35 所示。

在小窗口中,单击鼠标右键弹出如图 5-36 的菜单:

在小窗口中,单击鼠标左键,调整十字丝光标的位置,使十字丝光标的中心与该控制点的实际位置相符,然后选择右键菜单中的"确定"按钮,计算正射影像在该点的误差。

104

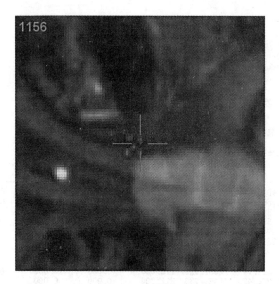

图 5-35　检查点点位指定

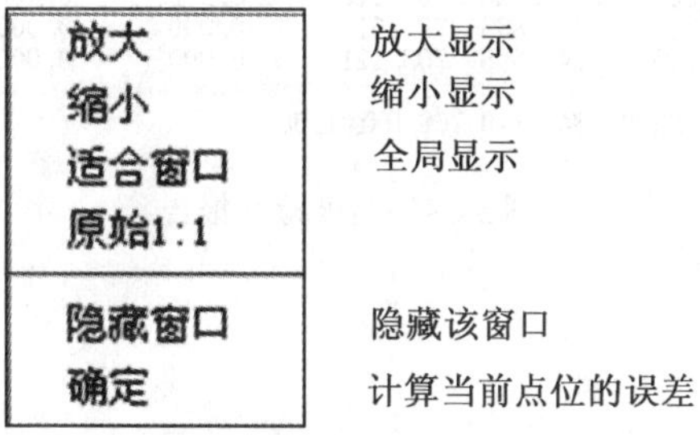

| 放大 | 放大显示 |
| 缩小 | 缩小显示 |
| 适合窗口 | 全局显示 |
| 原始1∶1 | |
| 隐藏窗口 | 隐藏该窗口 |
| 确定 | 计算当前点位的误差 |

图 5-36　检查点显示设置

依上述方法依次对正射影像范围内的每个控制点进行检查，检查结果如图 5-37 所示。

| 点号 | Dxy | Dx | Dy | X | Y |
| --- | --- | --- | --- | --- | --- |
| 1156 | 1.458 | -1.167 | -0.874 | 14935.691 | 12481.895 |
| 1157 | 0.236 | -0.236 | -0.000 | 13561.157 | 12644.357 |
| 2156 | 0.667 | -0.471 | -0.471 | 14885.194 | 11307.755 |
| 2157 | 0.635 | -0.589 | 0.236 | 13534.811 | 11444.629 |
| 6156 | 0.791 | -0.354 | -0.707 | 14947.632 | 10435.153 |
| 6157 | 1.768 | -1.061 | -1.414 | 13514.563 | 10359.109 |

图 5-37　检查点误差

5.6.3.4　导出精度报告

使用"报告"→"导出精度报告"菜单，设置精度报告的文件名和路径，然后输出报告。可在报告中查看检查结果，报告如图 5-38 所示。

```
/* 每项记录包含以下信息:
 * (1)点名;
 * (2)点的X坐标;
 * (3)点的Y坐标;
 * (4)点的Z坐标;
 * (5)X误差值;
 * (6)Y误差值;
 * (7)Z误差值;
 * (8)点属性, -1表示点不在影像范围内;
 */

质检类型:正射影像保密点检查
点数=15
影像路径:F:\Frame\hamerindex\PointPos
```

| ID | X0 | Y0 | Z0 | DX | DY | DZ | Flag |
|---|---|---|---|---|---|---|---|
| 1156 | 14936.858 | 12482.769 | 762.349 | -1.167 | -0.874 | 0.000 | 0 |
| 1157 | 13561.393 | 12644.357 | 791.479 | -0.236 | -0.000 | 0.000 | 0 |
| 2156 | 14885.665 | 11308.226 | 1016.443 | -0.471 | -0.471 | 0.000 | 0 |
| 2157 | 13535.400 | 11444.393 | 895.774 | -0.589 | 0.236 | 0.000 | 0 |
| 6156 | 14947.986 | 10435.860 | 765.182 | -0.354 | -0.707 | 0.000 | 0 |
| 6157 | 13515.624 | 10360.523 | 944.991 | -1.061 | -1.414 | 0.000 | 0 |
| | | | | | | | |
| 1155 | 16311.749 | 12631.929 | 770.666 | 0.000 | 0.000 | 0.000 | -1 |
| 2155 | 16246.429 | 11481.730 | 811.794 | 0.000 | 0.000 | 0.000 | -1 |
| 2264 | 13503.396 | 9190.630 | 839.260 | 0.000 | 0.000 | 0.000 | -1 |
| 2265 | 14787.371 | 9101.982 | 786.751 | 0.000 | 0.000 | 0.000 | -1 |
| 2266 | 16327.646 | 9002.483 | 748.470 | 0.000 | 0.000 | 0.000 | -1 |
| 3264 | 13491.930 | 7700.217 | 755.624 | 0.000 | 0.000 | 0.000 | -1 |
| 6155 | 16340.235 | 10314.228 | 751.178 | 0.000 | 0.000 | 0.000 | -1 |
| 6265 | 14888.312 | 7769.835 | 707.615 | 0.000 | 0.000 | 0.000 | -1 |
| 6266 | 16232.309 | 7741.696 | 703.121 | 0.000 | 0.000 | 0.000 | -1 |

均方根误差(单位:米): DX=0.734 DY=0.768 DXY=1.063

图 5-38  精度检查报告

# 第6章 数字线划地图（DLG）生产实习

## 6.1 基础知识

数字线划地图（Digital Line Graphic，DLG）是与现有线划图基本一致的各地图要素的矢量数据集，且保存各要素间的空间关系和相关的属性信息。在数字测图中，最为常见的产品就是数字线划地图，外业测绘最终成果一般也是 DLG。该产品能够较全面地描述地表现象，目视效果与同比例尺地形图一致但色彩更为丰富。DLG 产品可满足各种空间分析要求，可随机地进行数据选取和显示，与其他信息叠加，可进行空间分析、决策。其中，部分地形核心要素可作为数字正射影像地图图中的线划地形要素。数字线划地图是一种更为方便的放大、漫游、查询、检查、量测、叠加的地图。其数据量小，便于分层，能快速地生成专题地图，所以，它也被称作矢量专题信息（Digital Thematic Information，DTI）。

数字线划地图的技术特征为：地图地理内容、分幅、投影、精度、坐标系统与同比例尺地形图一致。数字线划地图的生产主要采用外业数据采集、航片、高分辨率卫片、地形图等。其制作方法包括：

（1）数字摄影测量的三维跟踪立体测图。目前，国产的数字摄影测量软件 VirtuoZo 系统和 JX-4 系统都具有相应的矢量图系统，而且它们的精度指标都较高。

（2）解析或机助数字化测图。这种方法是在解析测图仪或模拟器上对航片和高分辨率卫片进行立体测图来获得 DLG 数据。用这种方法还需使用 GIS 或 CAD 等图形处理软件，对获得的数据进行编辑，最终产生成果数据。

（3）对现有的地形图扫描，人机交互将其要素矢量化。目前，常用的国内外 GIS 和 CAD 软件主要是对扫描影像进行矢量化后输入系统。

（4）野外实测地图。

### 6.1.1 DLG 数据组织

数据采集的前提是影像已经完成定向（包括内定向、相对定向和绝对定向）。为了形成最终形式的库存数据，必须给不同的目标（地物）赋予不同的属性码（或特征码）。属性码按地形图图式对地物进行编码，可分两种方式进行。一种是顺序编码，只需要采用 3 位数字的编码。其缺点是使用不方便，使软件设计较复杂。另一种是按类别编码，例如，一种 4 位数按类别编码的设计见表 6-1。每一码的第一位数字表示十大类别；第二、三两位为地物序号，即每一类可容纳 100 种地物；第四位为地物细目号，如 0010 表示地图图式（1∶500，1∶1 000，1∶2 000）中的地貌和土质类的等高线中的首曲线。

表 6-1　　　　　　　　　　　　　　　　　　　编码表

| 物类 | 序 | 地物名 | 序 | 细目 | 号 | 图式号 |
|---|---|---|---|---|---|---|
|  | 0~9 |  | 00~99 |  | 0~9 |  |
| 地貌和土质 | 0 | 等高线 | 01 | 首曲<br>计曲<br>间曲 | 0<br>1<br>2 | 10.1.a<br>10.1.b<br>10.1.c |
|  |  | 示坡线 | 02 |  | 0 | 10.2 |
|  |  | 高程点 | 03 |  | 0 | 10.3 |
|  |  | 独立石 | 04 | 非比例<br>比例 | 0<br>1 | 10.4.b<br>10.4.a |
|  |  | 石堆 | 05 | 非比例<br>比例 | 0<br>1 | 10.5.b<br>10.5.a |

### 6.1.2　DLG 数据的采集

数字摄影测量的三维跟踪立体测图是一种计算机辅助测图，是摄影测量从模拟经解析向数字摄影测量方向发展的产物。起初它是基于传统摄影测量设备与技术水平，利用解析测图仪或模拟光机型测图仪与计算机相连的机助（或机控）系统，在计算机的辅助下，完成除了人工立体观测值之外的其他大部分操作，包括数据采集、数据处理，形成数字地面模型与数字地图一并存入磁带、磁盘或光盘中。以后根据需要这些信息可输入到各种数据库中或输出到数控绘图仪等模拟输出设备上，形成各种图件与表格，以供使用。计算机辅助测量虽然仍需要人眼的立体观测与人工的操作，但其成果是以数字方式记录存储的，能够提供数字产品，因而通常也称其为数字测图。现在，三维跟踪立体测图依然是数字摄影测量工作站中地物量测的软件模块，不同的是，一些地物半自动、自动量测的功能正在逐渐被补充进来。

随着数字摄影测量工作站（DPW）的推广应用，人们渐渐放弃了购买昂贵的解析测图仪或改造模拟测图仪，而转向利用 DPW 进行数字测图。DPW 直接利用计算机的显示器进行影像的立体观测。当然，除了对计算机的图形显示频率有一定的要求之外，还需要添加一些设备（偏振光或闪闭式立体眼镜和发射器等）。此外，通常还配有测量控制装置，如手轮和脚盘、鼠标、三维鼠标等。

矢量数据采集常用的工具与算法如下：

（1）封闭地物的自动闭合。对于一些封闭地物，如湖泊，其终点与首点是同一点，应提供封闭（即自动闭合）的功能。当选择此项功能后，在量测倒数第一点时就发出结束信号（通常由一个脚踏开关控制或由键盘控制），系统自动将第一点的坐标复制到最后一点（倒数第一点之后），并填写有关信息。

（2）角点的自动增补。直角房屋的最后一个角点可通过计算获取，而不必进行量测，设房屋共有 $n$ 个角点，$P_1$，$P_2$，…，$P_{n-1}$，$P_n$，在作业中只需量测 $n-1$ 个点，点 $P_n$ 可自动增补。

（3）遮盖房角的量测。当房屋的某一角被其他物体（例如树、汽车等）遮蔽无法直接量测时，可在其两边上测 3 点，然后计算出交点。

（4）公共边。若两个或两个以上地物有公共的边，则公共边上的每一点应当只有唯一的坐标，因而公共边只应当量测一次。后量测的地物公共边上的有关信息，可通过有关指针指向先量测的地物的有关记录，并设置相应的标志，以供编辑与输出使用。

（5）直角化处理。由于测量误差，使得某些本来垂直的直线段互相不垂直。例如，房屋的量测有时不能保证其方正的外形，此时可利用垂直条件，对其坐标进行平差，求得改正数，以解算的坐标值代替人工量测的坐标值。但其改正值应在允许的精度范围内，否则应重新量测。

（6）平行化处理。对于平行线组成的地物（如高速公路），可以通过采集单边线后指定宽度，自动完成平行边的采集。

（7）Snap 功能。模型之间的接边及相邻物体之间有公共边或点的情况，均要用到吻接（Snap 或 Pick）功能，避免出现模型之间"线头"的交错，或者本应重合的点不重合。点的吻合较简单。将光标移到要吻合点的附近，选择 Snap（或 Pick）功能，系统根据光标的屏幕坐标查找"屏幕位置检索表"，得到该点的地物号，再从属性码表中检索到该点所属地物的首点号，从坐标表中依次取出各点，计算它们与光标对应的地面点的距离，取出距离最小的点作为当前要测的点。有的屏幕位置检索表可直接检索到附近的若干点，则可直接与这几个点相比较，取其距离最小者。线的吻合除了按点吻合检索到距光标最近的点外，还要取出次最近的点，设为 $P_1(X_1, Y_1)$ 与 $P_2(X_2, Y_2)$，然后求出当前光标对应的地面点 $P_3(X_3, Y_3)$ 到线段 $P_1P_2$ 的垂足。该垂足即当前要测的点，将测标切准该点，取其高程值与计算的平面坐标。

（8）复制（拷贝）。在平坦地区，对于形状完全相同的地物（如房屋），可在量测其中一个之后，进行复制。当测标切准要测地物与已测过的同形状地物第一点的对应点后，选择复制功能，则将已测地物的坐标经平移交换记入坐标表中，并填写属性码文件。

（9）注记文字处理。为了能进行中文字符注记，需建立一中文字库与一中文字符检索表。中文字库的中文可按拼音字母顺序排列，检索文件可由 26×27 的表格组成，每一行记录该类中文字的第一个字在字库中的序号以及该类中文字的个数，从而可以占用较少的内存并可更方便地检索。绝大部分的注记内容应在矢量数据编辑中产生，但"独立"的地物，即点状地物的注记应在矢量数据采集中形成，高程点的注记一般也应在矢量数据采集时形成。对每一注记，利用光标给出注记的位置，由屏幕检索表检索该处有无其他注记，若已有注记，给出提示信息。若没有注记相冲突，则输入注记参数，包括字符的高、宽、间隔、方向、字符等。将注记参数记入注记表中，并在属性码文件中设一注记检索指针，将该注记在注记表中的行号存入属性码文件的注记检索指针中。为了满足一个地物有多项注记的情况，注记表也设立一个后向链指针。对每一注记，还应将其覆盖区域登记在屏幕检索表中，以供检索之用。

（10）像方测图与物方测图。测图的过程就是地物目标的轮廓跟踪过程，一般情况下是通过在左右影像上选择同一地物点，然后根据摄影测量共线方程，前方交会得到地物点坐标，这个过程被称为像方测图，含义就是选择像点后获取其物方坐标。物方测图的原理与像方测图相反，物方测图过程是：先在物方（一般就是地面）任意选择一个点，然后将这个点投影到立体影像的左右像片，眼睛所看到的是这个物方点的投影位置，然后通过坐标驱动设备（如鼠标、手轮脚盘等）改变物方点的坐标 $X$、$Y$ 以及 $Z$ 值，同时将新的坐标点投影到像方，通过眼睛观察，如果观察到投影出来的位置刚好在立体模型中的物体轮廓点，则记录此时的 $X$、$Y$、$Z$ 为所量测的结果。物方测图是摄影测量独有的一种专业测量方式，这个方式可以锁定 $X$、$Y$、$Z$ 中的任意一个坐标方向以达到特定的测量意义。如锁定 $Z$ 值时，$Z$ 坐标不会改变，此时测量的结果 $Z$ 值是恒定的，也就是测量目标等高。若测量目标是一根曲线，则这个曲线就是等高线。

### 6.1.3　DLG 数据入库与出版

由于测图的矢量数据应用了属性码等各种描述对象的特性与空间关系的信息码，因而较容易输至一定的数据库，这需要根据数据库的数据格式要求，作适当的数据转换，这个工作一般称为入库。入库其实是个很复杂的工艺，因为目前绝大多数 DLG 数据的存储管理主要还是以文件的形式进行管理。由于数字地形图数据模型与 GIS 数据模型存在差异，目前的GIS 软件还无法直接对单独的 DLG 文件进行各种操作，如空间查询、分析等。这种方式的管理将大大降低空间数据的利用效率，同时阻碍了空间数据共享的进展。产生这种状况的原因主要是两个模型之间存在差异性，各自是为不同用途、不同目的而设计的数据模型。

测图矢量数据输出的一个重要方面是将所获取的数字地图以传统的方式展绘在图纸上（或屏幕上）。数字地图通过数控绘图仪在图纸上输出的过程与在数据采集及编辑期间将其显示在计算机屏幕上的原理基本是一样的，但必须按规范要求实现完全的符号化表示，而在矢量数据采集与编辑期间可不要求符号化表示或不要求完全符号化表示，并且允许矛盾与错误的存在。

测图矢量数据（即数字地图的图形）输出设备即计算机屏幕或数控绘图仪，数控绘图仪又分矢量型绘图仪与栅格型绘图仪，他们的原理与方法基本一致，只是对于栅格绘图仪要作一次矢量数据向栅格数据的转换。

测图矢量数据在输出时需要加上图式符号，才能比较形象地表示地物类别，下面介绍点状符号和线面符号以及文字注记的图示化原理。

#### 6.1.3.1　点状符号

点状符号主要是指地图上不按比例尺变化，具有确切定位点的符号，也包括组合符号中重复出现的简单图案。由于各种符号在绘图时要反复使用，因而应将它们数字化后存储起来，构成符号库，以便随时取用。

1. 点状符号数字化

通常以图形的对称中心或底部中心为原点，建立符号的局部平面直角坐标系。采用两种方式集成数据：一种是直接信息法，由人工将符号的特征点在局部坐标系里的坐标序列记入磁盘，这种方式占用较多的磁盘空间，但比较节省编程工作量和内存，用于具有多边形或非规则曲线轮廓的符号；另一种是间接信息法，由人工准备少量的数据（如圆弧图素的参数、半径、圆心坐标、圆弧起止半径的方位角值等），绘图输出时，轮廓点坐标由计算机程序从间接信息及时解算出来，这种方法需要的程序量和内存量都比第一种方法大，而对外存空间的需要则大大减少。

2. 点状符号库数据结构

点状符号库由数据表与索引表组成，可以随机存取，如图 6-1 所示。每一个符号的数据按采集顺序（也是绘图顺序）集中在一起存放，其第一行的行序号记入索引表，即检索首指针。索引表的每一行与一个独立符号相对应，包括检索首指针，该符号的数据个数（即数据表中的行数），或最后一个数据在数据表中的行数以及其他信息，如符号外切矩形的尺寸等。数据表的每一行主要是点的坐标及该点与前一点的连接码，若是圆弧，则还有有关的参数及圆弧的标志，此时可能分两行甚至三行才能存放得下。

索引表

| 属性码 | $rP$ | $nP$ | $W$ | $H$ |
|---|---|---|---|---|
| 0000 | 1 | $n_1$ | | |
| 0001 | $n_1+1$ | $n_2-n_1$ | | |
| 0002 | $n_2+1$ | $n_3-n_2$ | | |
| · | · | · | | |
| · | · | · | | |
| · | · | · | | |
| · | · | · | | |
| 1010 | $n_3+1$ | $n_4-n_3$ | | |
| | · | · | | |
| | ⋮ | ⋮ | | |

$rP$——检索首指针

$nP$——点数

$W$——宽

$H$——高

数据表

| 序号 | $x$ | $y$ | $c$ |
|---|---|---|---|
| 1 | $x_1$ | $y_1$ | 1 |
| 2 | $x_2$ | $y_2$ | 2 |
| ⋮ | ⋮ | ⋮ | ⋮ |
| $n_1$ | $x_{n_1}$ | $y_{n_1}$ | 2 |
| $n_1+1$ | $x_{n_1+1}$ | $y_{n_1+1}$ | 1 |
| $n_1+2$ | $x_{n_1+2}$ | $y_{n_1+2}$ | 2 |
| ⋮ | ⋮ | ⋮ | ⋮ |
| $n_2$ | $x_{n_2}$ | $y_{n_2}$ | 2 |
| $n_2+1$ | $x_{n_2+1}$ | $y_{n_2+1}$ | 1 |
| $n_2+2$ | $x_{n_2+2}$ | $y_{n_2+2}$ | 2 |
| ⋮ | ⋮ | ⋮ | ⋮ |
| $n_3$ | $x_{n_3}$ | $y_{n_3}$ | 2 |
| $n_3+1$ | $x_{n_3+1}$ | $y_{n_3+1}$ | 1 |
| ⋮ | ⋮ | ⋮ | ⋮ |

$c$——连接码

图 6-1　符号库数据组织结构

3. 点状符号的绘制

根据地物的顺序号，从数字地图坐标表中取出该独立符号的位置（即坐标），换算成绘图坐标 $(x_0, y_0)$，再根据地物属性码，从点符号索引文件中取出检索首指针，即该符号数据在数据表中的行号。从数据表中取出该符号的所有数据。设其坐标为 $(x_i, y_i)$，$i=1$，2，…，$n$，将其转换为绘图坐标 $(x_0+x_i, y_0+y_i)$，根据连接码依次将各点用直线连接或不连接，遇到圆弧则调用绘圆弧指令或子程序。

6.1.3.2　线状符号与面状符号

除了点状符号外，地图中大量存在的是各种线状符号及由线状边界与重复多次的独立符号组成的面状符号。为了绘制这些符号，应建立符号库，而点状符号库仅是符号库的一个子库。

1. 符号库

符号库的建立有两种方式。一种是早期使用较多的子程序库，即对每一符号编制一个子程序，全部符号子程序构成一个程序库。另一种是由绘图命令串与命令解释执行程序组成。命令串中包含有一系列绘图命令及参数，也包含从点状符号库中提取需要的符号的信息。每一符号的数据连续存放，也由一个索引表对其进行检索，其方式与点符号库相似。例如，一个铁路的符号命令参数串可设计为：绘曲线；绘平行线，宽度；分段，间隔；垂线，长度；填充。其中，分号为命令分隔符，逗号为命令与参数及参数与参数之间的分隔符。一个松林区的符号可设计为：绘曲线；点状符号填充，松树独立符号，间隔。

2. 线状符号与面状符号的绘制

根据地物的属性码，从符号库中取出绘图命令串，并填入相应的参数，依次执行命令串中规定的操作。当要给的符号是铁路时，依上一段所述的命令串，第一步执行绘曲线的命令，从坐标表中取出该地物的所有坐标，进行曲线拟合，绘出光滑曲线；然后根据所给的宽度绘出其平行线；再根据所给的间隔将其分段；然后在分段的各节点处绘出所给长度（等于平行线宽度）的垂线；最后每隔一段填黑，就完成了铁路符号的绘制。若要绘制一松林区，取出上述松林区的绘图命令串，给出间隔参数。首先取出边界的各点坐标进行曲线拟合，然后从点符号库中取出松树的符号，按所给间隔，利用前面所述的符号填充算法将松树符号均匀地绘在该边界线内。从以上过程可知，符号绘制的命令解释执行子程序是由若干绘图功能子程序组成的，每一绘图功能子程序与一个绘图命令相对应。主程序通过调用符号命令解释执行子程序来完成符号的绘制任务。

### 6.1.3.3 文字注记

在绘制每一地物时，由属性码表中注记检索首指针查看是否有文字注记。若有注记，则取出注记信息，包括应注记的字符（数字与文字），按绘制独立符号的方法绘出字符。在绘制该地物的其他部分时，要进行该注记窗口内裁剪；在绘制相邻地物时，也应进行该注记窗口内裁剪。数字地图的裁剪包括两方面的内容：一方面是所有图形必须绘在某一窗口（如图廓）之内，而不应超出窗口之外；另一方面是一定范围的区域不允许一部分图形被绘出，如不允许任何图形穿过注记及等高线不能穿过房屋等。

## 6.2 地物和地貌数据采集

随着电子计算机技术日新月异的发展及其在测绘领域的广泛应用，数字化测图是以计算机为核心，在外连输入输出设备硬件、软件的条件下，通过计算机对地形空间数据进行处理得到数字地图的过程。数字化测图就是将采集的各种有关的地物和地貌信息转化为数字形式，通过数据接口传输给计算机进行处理，从而得到内容丰富的电子地图，并在需要时由电子计算机的图形输出设备（如显示器、绘图仪）绘出地形图或各种专题地图。测图过程中必须将地物点的连接关系和地物属性信息（地物类别等）一同记录下来，一般按一定规则构成的符号串来表示地物属性信息和连接信息，这种有一定规则的符号串称为数据编码，数据编码的基本内容包括：地物要素编码（或称地物特征码、地物属性码、地物代码）、连接关系码（或称连接点号、连接序号、连接线型）、面状地物填充码等。连接信息可分解为连接点和连接线型。当测的是独立地物时，只要用地形编码来表明它的属性，就可知道这个地物是什么，应该用什么样的符号来表示。如果测的是一个线状地物，这时需要明确本测点是与哪个点相连，以什么线型相连，才能形成一个地物。所谓线型是指直线、曲线或圆弧等。一般地形图包括：点状地物（如控制点、独立符号、工矿符号等）、线类地物（如管线、道路、水系、境界等）、面状地物（如居民地、植被、水塘等）。目前，中国的地形要素主要分为十大类：①测量控制点；②居民地；③工矿企业建筑物和公共设施；④独立地物；⑤道路及附属设施；⑥管线及附属设施；⑦水系及垣栅；⑧境界；⑨地貌与土质；⑩植被。

### 6.2.1 实习目的与要求

（1）掌握立体切准的专业技能；

（2）掌握地物、地貌数据采集与编辑操作；

（3）掌握文字、高程等注记方法。

### 6.2.2 实习内容

（1）立体观察与高程的切准；

（2）地貌量测，包括特征线、等高线、流水线等；

（3）地物测量，包括建筑、道路、植被、地类等；

（4）文字注记、独立高程点采集。

### 6.2.3 实习指导

6.2.3.1 进入测图界面

在 VirtuoZo 界面中，单击"DLG 生产"→"IGS 立体测图"菜单项，或者在 VirtuoZo 工具条中单击 IGS 图标，进入测图模块，系统弹出测图窗口，如图 6-2 所示。

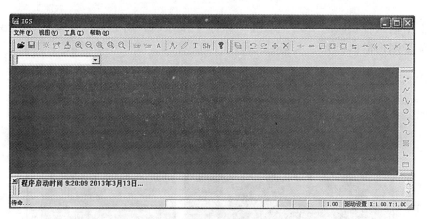

图 6-2 测图主界面

6.2.3.2 新建或打开测图文件

1. 新建测图文件

单击"文件"→"新建 xyz 文件"菜单项，系统弹出"新建 IGS 文件"对话框，输入一个新的 xyz 文件名，系统弹出"地图参数"对话框，如图 6-3 所示：

（1）地图比例尺：设置相应的成图比例尺。

（2）高度的十进制小数位数：设置显示高程值的小数保留位数。

（3）徒手操作容差：设置流曲线点的数据压缩比例。设置的数值越大，最后的保留点位越少，但设置的最大数值不能超过 1。

（4）地图坐标框：如果已知矢量图的坐标范围，可直接在地图坐标框的各个文本框中输入相应的坐标范围。其中，各坐标框所代表的意义见表 6-2。

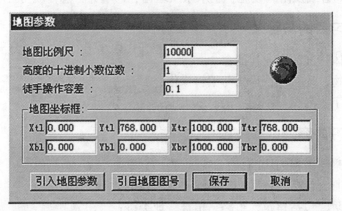

图 6-3　图幅参数

表 6-2 地图坐标框

| Xtl：左上角 X 坐标 | Ytl：左上角 Y 坐标 | Xtr：右上角 X 坐标 | Ytr：右上角 Y 坐标 |
|---|---|---|---|
| Xbl：左下角 X 坐标 | Ybl：左下角 Y 坐标 | Xbr：右下角 X 坐标 | Ybr：右下角 Y 坐标 |

对话框中输入各项测图参数，单击"保存"按钮后，将创建一个新的测图文件。此时系统弹出矢量图形窗口，并显示其图廓范围（红色框），如图 6-4 所示。

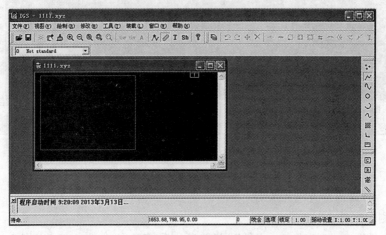

图 6-4　测图矢量显示

（5）引自地图图号：引入地图图幅编号，从而确定坐标范围。

说明：在 IGS 测图中新建 xyz 文件，装载相邻的矢量文件，进行矢量裁切时，系统将自动关闭模型边界外的未被引入的矢量。

2. 打开已有测图文件

单击"文件"→"打开"菜单项，系统弹出打开对话框，选择一个" *.xyz"文件，单击"打开"按钮，系统打开一个矢量窗口显示该矢量文件，如图 6-5 所示。

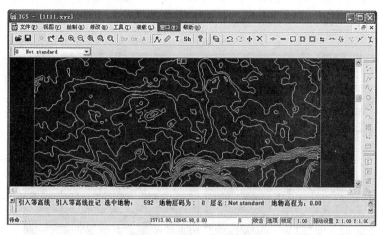

图 6-5　读入已有矢量

### 3. 装载立体模型

注意，只有当打开了测图文件后，方可装载立体模型或正射影像。

在 IGS 主界面中单击"装载"→"立体模型"菜单项，在系统弹出的对话框中选择一个模型文件（"＊.mdl"或"＊.ste"），单击"打开"按钮，系统弹出影像窗口，显示立体影像（分屏显示或立体显示），如图 6-6 所示。

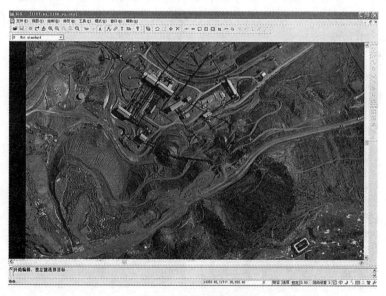

图 6-6　立体测图界面

如果要装载正射影像，可单击"装载"→"正射影像"菜单项，在弹出的对话框中选择"＊.orl"、"＊.orm"或"＊.orr"文件，单击"打开"按钮，系统弹出影像窗口显示正射影像。

单击"窗口"菜单中的菜单项（如层叠、纵向排列、横向排列和平铺等），IGS 界面中的各子窗口将自动进行排列。例如，单击"窗口"→"横向排列"菜单项，其显示结果如图 6-7 所示。

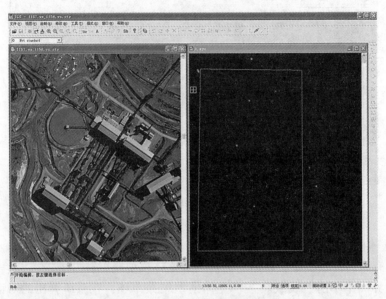

图 6-7　立体影像与矢量同时显示

单击"模式"→"立体模式"菜单项，可打开或关闭显示立体影像选项，打开时为立体显示，关闭时为分屏显示。分屏显示方式下的影像如图 6-8（a）所示，立体显示方式下的影像如图 6-8（b）所示。

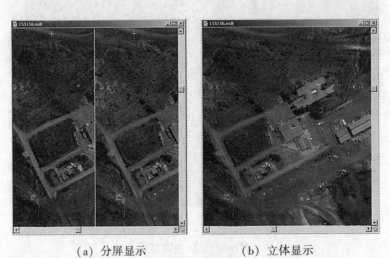

（a）分屏显示　　　　　　　　（b）立体显示

图 6-8　分屏与立体对比

### 6.2.3.3　输入地物特征码

每种地物都有各自的标准测图符号，而每种测图符号都对应一个地物特征码。数字化量测地物时，首先要输入待测地物的特征码。有两种方法可实现：

方法一：直接输入其数字号码。若用户已熟记了特征码，可在状态栏的特征码显示框中输入待测地物的特征码。

方法二：单击图标 **Sh**，在弹出的对话框中选择地物特征码。

6.2.3.4　进入量测状态

有两种方式可进入量测状态：

方式一：按下图标 ▨，可进入量测状态。

方式二：单击鼠标右键，在编辑状态和量测状态之间切换。

6.2.3.5　选择线型和辅助测图功能

地物特征码选定后，可进行线型选择和辅助测图功能的选择。

1. 选择线型

IGS 根据符号的形状，将之分为十种类型（统称为线型）。在绘制工具栏中有这十种类型的图标，其含义说明如下：

✛（点）：用于点状地物，即只需单点定位的地物，只记录一个点；

⌇（折线）：用于折线状地物，如多边形、矩形状地物等，记录多个节点；

⌇（曲线）：用于曲线状地物，如道路等，记录多个节点；

○（圆）：用于圆形状地物，记录三个点；

⌣（圆弧）：用于圆弧状地物，记录三个点；

⌇（手绘线）：用于小路、河流等曲线地物，可加快量测速度，按数据流模式记录，这种模式下记录的是测标的轨迹；

▨（隐藏线）：只记录数据不显示图形，用于绘制斜坡的坡度线等；

⌐（直角化）：用于绘制直角化折线地物；

╲：自动绘制一个地物的平行物；

∠（方向捕捉）：用于绘制一个地物的平行或垂直线。

选择了一种地物特征码以后，系统会自动将该特征码所对应符号的线型设置为缺省线型（定义符号时已确定），表现为绘制工具栏中相应的线型图标处于按下状态，同时该符号可以采用的线型的图标被激活（定义符号时已确定）。在量测前，用户可选择其中任意一种线型开始量测，在量测过程中用户还可以通过使用快捷键切换来改变线型，以便使用各种线型的符号来表示一个地物。

2. 选择辅助测图功能

系统提供的辅助测图功能，可使地物量测更加方便。可通过绘制菜单、快捷键或绘制工具栏图标来启动或关闭辅助测图功能。具体说明如下：

▭（矩形）：绘制一个矩形地物；

Ⓒ（自动闭合）：启动该功能，系统将自动在所测地物的起点与终点之间连线，自动闭合该地物；

Ⓡ（自动直角化与补点）：对于房屋等拐角为直角的地物，启动直角化功能，可对所测点的平面坐标按直角化条件进行平差，得到标准的直角图形。对于满足直角化条件的地

物，启动自动补点功能，可不量测最后一点，而由系统自动按正交条件进行增补。例如，用户量测了地物的边 1 和边 $n$ 后，系统将自动补测最后一个点，并绘制出边 $n+1$ 和边 $n+2$，如图 6-9 所示；

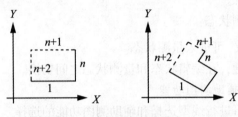

图 6-9　自动直角化补点

![R图标]（自动高程注记）：启动该功能，系统将自动注记碎部点的高程。

#### 6.2.3.6　进入编辑状态

有两种方式可进入编辑状态：

方式一：按下图标![图标]，可进入编辑状态。

方式二：单击鼠标右键，可在量测状态和编辑状态之间切换。

#### 6.2.3.7　选择地物或其节点

进入编辑状态后，可选择将要编辑的地物或该地物上的某个节点。

（1）选择地物：将光标置于要选择的地物上，单击该地物。地物被选中后，该地物上的所有节点都将显示为蓝色小方框。

（2）选择节点：选中地物后，在其某个节点的蓝色小方框上单击，则该点被选中，该点上的小方框变为红色。

说明：在选择节点时，若打开了咬合功能，则所设置的咬合半径不能过大，以免当节点过密时，选错点位。

（3）选择多个地物：在编辑状态下，可用鼠标左键拉框，选择框内的所有地物。

（4）取消当前选择：在没有选择节点的情况下，单击鼠标右键，可取消当前选择的地物，蓝色小方框将消失。

#### 6.2.3.8　编辑命令的使用

所有编辑命令，都是基于当前地物（用蓝色小方框显示）或当前点（用红色小方框显示）的。因此，在对某个地物进行编辑之前，必须选中它，才能调用编辑命令。用户可使用以下三种方式调用编辑命令：

（1）使用编辑工具条图标或修改菜单：用于编辑当前地物。

（2）右键菜单：选中节点后，单击鼠标右键，系统弹出该菜单，用于编辑当前点。

（3）快捷键：直接按键盘上某些键和鼠标左键等即可对当前地物或当前节点进行编辑。

1. 当前地物的编辑

对当前地物的编辑操作，有以下几种：

（1）移动地物：单击图标![图标]，在窗口中单击以确定移动的参考点，再拖动当前地物移动至某处后，再次单击，则当前地物被移动。

（2）删除地物：单击图标![图标]，单击需要删除的地物，则该地物被删除。

（3）打断地物：单击图标 ![图标]，单击地物上需要断开的地方，则当前地物在该点断开为两个地物。

（4）地物反向：单击图标 ![图标]，则反转当前地物的方向。主要用于陡坎、土堆等。

（5）地物闭合或断开：单击图标 ![图标]，将当前未闭合的地物变成闭合，或将当前的闭合地物断开。

（6）地物直角化：单击图标 ![图标]，修正当前地物的相邻边，使之相互垂直。

（7）房檐修正：单击图标 ![图标]，系统弹出"房檐修改"对话框，在其中选择需要修正的边，输入修正值（单位与控制点单位相同），单击"确定"按钮，则当前房檐被修正。具体说明请参见6.2.3.9小节。

（8）改变特征码：单击图标 ![图标]，系统弹出"输入新的特征码"对话框，在对话框中输入新的特征码，单击"确定"按钮，则当前地物的特征码被改变，窗口中显示的图形符号也随之改变。

（9）平行拷贝：选中一个地物，单击图标 ![图标]，系统弹出"设置宽度"对话框，在宽度文本框中输入间距（单位为米），单击"确定"按钮，则系统依此间距生成选中地物的平行地物。

说明：以上的地物编辑命令，还可使用绘制菜单或快捷键执行，此外，工具栏中还有一些其他的编辑工具按钮，具体参考常用测图方法。

2. 当前点的编辑

对当前点的编辑，可直接进行，也可通过系统弹出的右键菜单完成。

（1）移动点：在当前地物的某蓝色标识框上拾取到某点后，可直接拖动测标至某位置，再单击鼠标左键，则当前点被移动。

（2）插入点：在当前地物的两蓝色标识框之间拾取到某点后（关闭咬合功能），可直接拖动测标至某位置，再单击鼠标左键，则在这两点之间插入了一点。

在当前地物的某点上单击，选中某点后，单击鼠标右键，系统弹出右键菜单，如图6-10（a）所示，其各项功能如下：

（1）放弃：单击该菜单项后，取消编辑操作，并隐藏该右键菜单。

（2）移动：单击该菜单项后，拖动测标移至某位置，然后单击鼠标左键，则当前点被移动。

（3）删除：单击该菜单项后，则当前点被删除。

（4）坐标：单击该菜单项后，系统弹出"设置曲线坐标"对话框，显示当前点的坐标信息。用户也可直接在此修改当前点坐标，单击"确定"按钮后，相应的图形将随之更新。

在当前地物的两点之间选中某点后，单击鼠标右键，系统弹出右键菜单，如图6-10（b）所示。

（5）插入：单击该菜单项后，拖动测标移至某位置，然后单击鼠标左键，则插入一点。

（6）连接：单击该菜单项后，在弹出的工具条上选择某项，如图6-11所示，即可改变当前点与后一点的连接形式。

说明：点的移动与插入操作也可使用相应的快捷键来执行。

3. 编辑恢复功能

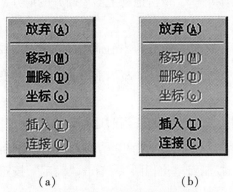

（a）　　　　　　　　（b）

图 6-10　右键编辑功能

单击图标 ⬚ 或按快捷键 Ctrl + Z，可恢复到该编辑操作前的状态。当多个地物一起删除时，一次只能恢复一个地物，最多可恢复 50 次。

4. 改变线型

选中某个矢量地物后，单击图标 ✎，系统弹出选择线型工具栏，如图 6-11 所示。单击其中某图标，则可将当前地物的线型改为该线型。

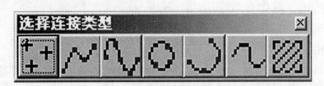

图 6-11　测图中节点连接属性

### 6.2.3.9　常用测图方法

1. 基本量测方法

（1）在影像窗口中进行地物量测。

（2）用户通过立体眼镜（或反光立体镜）对需量测的地物进行观测，用鼠标或手轮脚盘移动影像并调整测标。

（3）切准某点后，单击鼠标左键或踩左脚踏开关记录当前点。

（4）单击鼠标右键或踩下右脚踏开关结束量测。

（5）在量测过程中，可随时选择其他的线型或辅助测图功能。

（6）在量测过程中，可随时按 Esc 键取消当前的测图命令等。

（7）如果量错了某点，可以按键盘上的 BackSpace 键，删除该点，并将前一点作为当前点。

2. 不同线型的量测

（1）单点：单击点图标或踩下左脚踏开关记录单点。如图 6-12 所示，以下符号可采用单点量测方式。

（2）单线和折线：单击折线图标或踩下左脚踏开关，可依次记录每个节点，单击鼠标右键或右脚踏开关，结束当前折线的量测。当折线符号一侧有短齿线等附加线划时，应注意

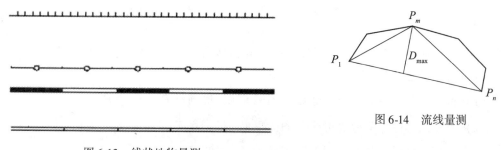

图 6-12　点状地物量测

量测方向，一般附加线划位于量测前进方向的右侧。如图 6-13 所示，这些符号为使用折线线型进行的量测。

（3）曲线：单击曲线图标或踩下左脚踏开关，可依次记录每个曲率变化点，单击鼠标右键或踩下右脚踏开关，结束当前曲线的量测。

（4）手绘线（流线）：单击手绘线图标或踩下左脚踏开关记录起点，用手轮脚盘跟踪地物量测，最后踩下右脚踏开关记录终点。以该方式采集数据时，系统使用数据流模式记录量测的数据，即操作者跟踪地物进行量测，系统连续不断地记录流式数据。流式数据的数据量是很大的，必须对采集的数据进行压缩预处理，以减少数据量。典型的压缩方法是，根据一个容许的误差，对采集的数据进行压缩处理，如图 6-14 所示。其中，$D_{max}$ 为设置的容差，$P_m$ 到 $P_1P_n$ 的距离大于该容差，其他节点均未超出容差，因此，系统将采集 $P_m$ 点，而压缩其他节点数据。

图 6-13　线状地物量测

图 6-14　流线量测

压缩的容差在测图参数中输入，在图上以毫米为单位，乘上成图比例尺后为以地面坐标为单位的容差。所以，正确的成图比例尺是取得良好压缩效果的关键。

（5）固定宽度平行线：对于具有固定宽度的地物，量测完地物一侧的基线（单线），然后单击右键，系统根据该符号的固有宽度，自动完成另一侧的量测，如图 6-15 所示。

需定义宽度的平行线，有的符号需要人工量测地物的平行宽度，即首先量测地物一侧的基线（单线量测），然后在地物另一侧上任意量测一点（单点量测），即可确定平行线宽度，系统根据此宽度自动绘出平行线。

（6）底线：对于有底线的地物（如斜坡），需要量测底线来确定地物的范围。首先量测基线，然后量测底线（一般绘于基线量测方向的左侧），如图 6-16 所示。在量测底线前，可选隐藏线型量测，底线将不会显示出来。

（7）圆：单击圆图标，然后在圆上量测三个单点，单击鼠标右键结束。如图 6-17 所示，量测 $P_0$、$P_1$ 和 $P_2$ 三个点，即可确定圆 $O$。

（8）圆弧：单击圆弧图标，然后按顺序量测圆弧的起点、圆弧上的一点和圆弧的终点，单击鼠标右键结束。

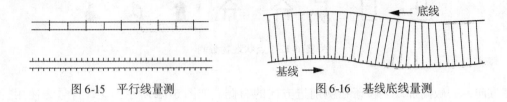

图 6-15　平行线量测　　　　　　图 6-16　基线底线量测

### 3. 多种线型组合量测

对于多线型组合而成的地物图形，在量测过程中应根据地物形状的变化，分别选择合适的线型进行量测。下面举例说明如何进行多线型组合量测地物，图 6-18 就是一个圆弧与折线组合的例子。

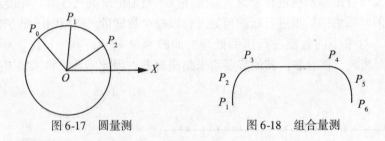

图 6-17　圆量测　　　　　　　图 6-18　组合量测

该图形是由弧线段 $P_1P_3$、折线段 $P_3P_4$ 和弧线段 $P_4P_6$ 组成的，其中，点 $P_1$、$P_2$、$P_3$、$P_4$、$P_5$ 和 $P_6$ 需要进行量测。具体量测步骤如下：

（1）首先在工具栏上单击"圆弧"图标 ⤵，量测点 $P_1$、$P_2$ 和 $P_3$。

（2）再到工具栏上单击"折线"图标 ⩘，量测点 $P_4$。

（3）再到工具栏上单击"圆弧"图标 ⤵，量测点 $P_5$ 和 $P_6$。

（4）最后单击鼠标右键结束，完成整个地物的量测。

图 6-19　高程指定

说明：在量测过程中，可能需要不断改变矢量的线型，为了便于使用，IGS 提供了各种线型的快捷键，以方便用户随时调用各种不同的线型。

### 4. 高程锁定量测

有些地物的量测，需要在同一高程面上进行（如等高线）。这时，可用高程锁定的功能，将高程锁定在某一固定 $Z$ 值上，即测标只在同一高程的平面上移动。具体操作如下：

（1）确定某一高程值：单击状态栏上的坐标显示文本框，系统弹出"设置曲线坐标"对话框，如图 6-19 所示，在 $Z$ 文本框中输入某一高程值，单击"确定"按钮。

（2）启动高程锁定功能：按下状态栏上锁定按钮。

（3）开始量测目标。

注意，只有当测标调整模式为高程调整模式（单击"模式"→"物方测图"菜单项，使之处于选中状态）时，方可启动高程锁定功能。

5. 道路量测

单击图标 **Sh**，在弹出的对话框中选择道路的特征码。单击图标 ，进入量测状态，用户可根据实际情况选择线型，如样条曲线 和手绘线 等，即可进行道路的量测。

（1）双线道路的半自动量测，沿着道路的某一边量测完后，单击鼠标右键或脚踏右开关结束，系统弹出对话框提示输入道路宽度，用户可直接在对话框中输入相应的路宽，也可直接将测标移动到道路的另一边上，然后单击鼠标左键或脚踏左开关，系统会自动计算路宽，并在路的另一边显示出平行线。

（2）单线道路的量测，沿着道路中线测完后，单击鼠标右键或踩下右脚踏开关结束，即可显示该道路。

6. 等高线采集

1）中小比例尺的等高线采集

高山地形，此类地形数据的匹配效果比较好，可以使用 VirtuoZo 的自动生成等高线功能，直接生成等高线矢量文件，然后在 IGS 中进行测图时引入该文件，进行少量的等高线修测处理即可完成等高线采集工作。具体操作如下：

激活矢量显示窗口，单击"文件"→"引入"→"等高线"菜单项，系统会弹出如图 6-20 所示的对话框。

图 6-20    等高线特征码

分别填入首曲线和计曲线在符号库中对应的特征码，然后单击"确定"按钮，系统弹出"打开一个等高线矢量文件"对话框。在对话框中选择该区域的等高线矢量文件". cvf"，确认后，系统即自动引入该文件中的等高线数据并显示其影像。引入等高线数据后，可移动影像，检查等高线是否叠合正常。

城区地形或混合地形，此类地形数据比山区数据的匹配结果稍差，可使用 VirtuoZo 的 DemEdit 模块，编辑并生成高精度的 DEM，然后再使用 VirtuoZo 的自动生成等高线功能，生成等高线矢量文件，最后将该文件引入测图文件，进行少量的修测处理，即可完成此类地区等高线的测绘。具体操作步骤可参见上文中有关山区数据处理的说明。

2）大比例尺的等高线采集

大比例尺测图时，一般对采集等高线的精度要求较高，且一个模型范围内的等高线数量，比小比例尺影像数据要少一些。对于大比例尺测图，特别是城区和平坦地区，等高线的测绘可直接在立体测图中全手工采集。具体采集方法如下：

（1）选择等高线特征码。单击图标 Sh ，在弹出的对话框中选择等高线符号。

（2）激活立体模型显示窗，单击"模式"→"物方测图"菜单项。

（3）设定高程步距。单击"修改"→"高程步距"菜单项，在弹出的对话框中输入相应的高程步距（单位：米），按下键盘的 Enter 键确认。

（4）输入等高线高程值。单击 IGS 窗口状态栏中的坐标显示文本框，在弹出的对话框中输入需要编辑的等高线高程值，按 Enter 键确认。

（5）启动高程锁定功能。按下状态栏中的"锁定"按钮。

（6）进入量测状态。按下图标 （也可踩下右脚踏开关在编辑状态和量测状态之间切换）。

（7）切准模型点。在立体显示方式下，驱动手轮至某一点处，并使测标切准立体模型表面（即该点高程与设定值相等），踩下左脚踏开关，沿着该高程值移动手轮，开始人工跟踪描绘等高线，直至将一根连续的等高线采集结束，此时，踩下右脚踏开关结束量测。注意，该过程中应一直保持测标切准立体模型的表面。

（8）如果要量测另一条等高线，可按下键盘上的 Ctrl +↑键或 Ctrl +↓ 键，可以看到状态栏中坐标显示文本框中的高程值，会随之增加或减少一个步距。

（9）重复上述步骤可依次量测所有的等高线。

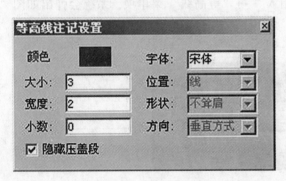

图6-21  等高线注记

3）等高线的高程注记

等高线上的高程注记，一般是注记在计曲线上，注记的方向和位置均有规定标准，并且要求等高线在注记处自动断开。为了解决此问题，系统提供一个半自动添加等高线注记的功能。具体操作如下：

（1）激活矢量显示窗口，单击"视图"→"等高线注记设置"菜单项，系统弹出"等高线注记设置"对话框，如图6-21 所示。

用户可在该对话框中设置等高线高程注记的字体、颜色、高度、宽度、小数位数及是否隐藏压盖段等，设置完成后，单击对话框右上角的"关闭"按钮，即可关闭该窗口。

（2）按下"载入 DEM"图标 ，在弹出的对话框中选择与该模型对应的 DEM 文件并确认。

（3）激活矢量显示窗口，按下"一般编辑"图标 ，选中需要添加注记的等高线。

（4）按下"半自动添加等高线注记"图标 ，在需要添加等高线注记的地方单击，则系统会自动添加等高线注记，并隐藏与注记重叠的等高线影像（必须在"等高线注记设置"对话框中选中"隐藏压盖段"选项），且该处的等高线注记字头的朝向自动朝向高处。

7. 房屋量测

单击图标 Sh ，在弹出的对话框中选择房屋的特征码，缺省情况下系统会自动激活"折线"图标 、"自动直角化"图标 及 "自动闭合"图标 。用户可根据实际情况选择不同的线型来测量不同形状的房屋（可选线型主要有：折线、弧线、样条曲线、手绘线、圆和隐藏线）。一次只能选择一种线型（按下其中一种线型图标后，其他的线型图标将自动弹起）。用户也可根据实际情况选择是否启动自动直角化功能和自动闭合功能（按下图标为启动，否则为关闭）。激活立体影像显示窗口，按下图标 ![icon]，即可开始测量房屋。

1）平顶直角房屋的量测

鼠标测图，移动鼠标至房屋某顶点处，按住键盘上的 Shift 键不放，左右移动鼠标，切准该点高程，松开 Shift 键。单击鼠标左键，即采集了第一个点。沿房屋的某边移动鼠标至第二、第三两个顶点，单击鼠标左键采集第二、第三个点。单击鼠标右键结束该房屋的量测，程序会自动做直角化和闭合处理。

手轮脚盘测图，移动手轮脚盘至房屋某顶点处，旋转脚盘切准该点高程，然后踩左脚踏开关，即记录下第一个点。沿房屋的某边移动手轮至第二、第三两个顶点，踩左脚踏开关采集第二、第三个点。踩右脚踏开关，结束该房屋的量测，程序会自动做直角化和闭合处理。

2）"人"字形房屋的量测

鼠标测图，移动鼠标至该房屋某顶点处，按住键盘 Shift 键不放，左右移动鼠标，切准该点的高程，然后松开 Shift 键。单击鼠标左键，即采集第一个点。沿着屋脊方向移动测标使之对准第二个顶点，单击鼠标左键采集第二个点。沿着垂直屋脊方向移动测标使之对准第三个顶点，单击鼠标左键采集第三个点。然后单击鼠标右键结束，程序会自动匹配当前房屋的其他角点及屋脊线上的点。

手轮脚盘测图，移动手轮脚盘至房屋某顶点处，旋转脚盘切准该点高程，然后踩下左脚踏开关，即记录下第一个点。沿着屋脊方向移动测标使之对准第二个顶点，踩下左脚踏开关，记录下第二个点。沿着垂直屋脊方向移动测标使之对准第三个顶点，踩下左脚踏开关，记录下第三个点。然后踩下右脚踏开关结束，程序会自动匹配当前房屋的其他角点及屋脊线上的点。

3）有天井的特殊房屋的量测

（1）量测有天井的特殊房屋的具体操作步骤如下（以手轮脚盘量测为例进行说明，使用鼠标的操作与之类似，鼠标的具体使用说明请参见 1.2.1.3）：

（2）根据房屋的形状选择合适的线型，包括折线、曲线或手绘线。

（3）关闭自动闭合功能。用鼠标单击"自动闭合"图标 ![icon]，使之处于弹起状态。

（4）移动手轮脚盘至房屋的某个顶点处，切准该点高程，然后踩下左脚踏开关采集第一个顶点。

（5）沿着房屋的外边缘依次采集相应的顶点。

（6）最后回到第一个顶点处，踩下左脚踏开关。按下键盘上的 Shift 键和数字键"7"，然后松开（即选择隐藏线型。在使用鼠标时，用鼠标单击图标 ![icon] 可达到同样效果）。

（7）移动手轮脚盘至房屋内边缘的第一个顶点处，踩下左脚踏开关，同时按住键盘上的 Shift 键和数字键"2"，然后松开（即选择折线线型，在使用鼠标时，用鼠标单击图标 ![icon] 可达到同样效果）。

（8）移动手轮脚盘沿房屋的内边缘依次采下所有的点，回到内边缘的第一个点后，踩下左脚踏开关。

（9）踩下右脚踏开关，结束该地物的量测。

4）共墙面但高度不同的房屋的量测

（1）使用手轮脚盘或鼠标量测出较高的房屋。

（2）单击"工具"→"选项"菜单项，在弹出的对话框中选择"咬合设置"属性页，选择"二维咬合"选项，在选中设置栏中选择"最近"选项，还可根据需要设置咬合的范围及是否显示咬合的范围边框，如图 6-22 所示。设置完后，单击"确定"按钮。

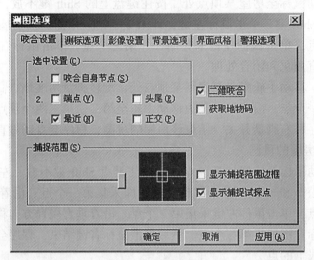

图 6-22　咬合设置

（3）在量测比较矮的房屋时，测标移至共墙的顶点处，采集点位后，若计算机的喇叭发出蜂鸣声，则表示咬合成功。若咬合不成功，则不会发出蜂鸣声，此时需重新测量该点（可按键盘上的 BackSpace 键，回到上一个量测过的点）。如图 6-23 所示，矢量窗口中显示两房屋共用边的情况。

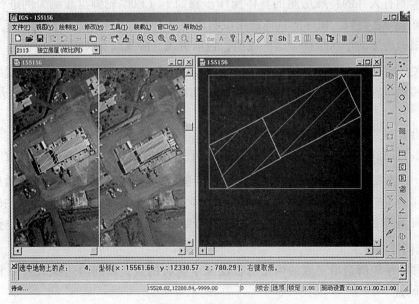

图 6-23　共用边情况

126

5）带屋檐修正的测量

按下"一般编辑"图标 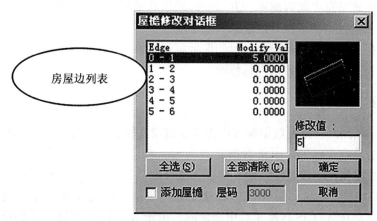，选中需要改正房檐的房屋，单击工具条中"屋檐改正"图标 ，系统弹出"屋檐修改对话框"，如图 6-24 所示。选择需要进行修正的房屋边，输入修正值（单位与控制点单位相同），单击"确定"按钮，则测图窗口中当前地物的房檐被修正。

图 6-24　房檐修正

（1）房屋边列表：对话框左上角的列表中列出了当前房屋的所有边。

（2）房屋略图：对话框右上角显示了当前选中房屋的略图。其中，

①蓝线：原房屋边。

②红线：在左边的列表中选中的房屋边。

③绿线：改正后的房屋边。

（3）修改值：键入房檐修正的数值。房檐修正的方向与房屋量测方向和修正值的正负有关。当量测方向为顺时针时，输入修正值为正，房檐向外修正。输入修正值为负，则房檐向内修正；当量测方向为逆时针时，输入修正值为正，房檐向内修正。输入修正值为负，则房檐向外修正。

（4）添加屋檐：选中该选项，并在后面的层码文本框中定义房屋屋檐的特征码，在确定后，矢量窗口中将用该符号显示该房屋的屋檐。

## 6.3　数字线划地图的入库

目前，我国已经建立了基础地理信息系统，而建立基础地理信息系统的重要数据源就是现有的数字地形图，这些数字地形图的存储管理主要还是以文件的形式进行。目前的 GIS 软件还无法直接对单独的 DLG 文件进行各种操作，如空间查询、分析等。这种方式的管理将大大降低空间数据的利用效率，同时阻碍了空间数据的共享进展。产生这种状况的原因主要是两者模型之间存在差异性，各自是为不同用途、不同目的而设计的数据模型，因此，为将采集的 DLG 放入到基础地理信息系统中进行统一管理和利用需要进行 DLG 数据入库。

### 6.3.1　实习目的与要求

（1）了解数字线划图编辑的内容；

（2）了解数字线划图入库的流程。

### 6.3.2 实习内容

（1）对数字线划图进行编辑，如点转换为有向点等；
（2）根据数字线划图地物类别码建立数据库对照表；
（3）建立地理信息空间数据库，并添加地理信息说明需要的字段；
（4）导入矢量数据，根据对照表录入基本属性；
（5）构建拓扑对数据进行检查，对问题数据进行修改；
（6）属性检查，对问题数据进行修改。

### 6.3.3 实习指导

用 VirtuoZo 测图所获得的数据要入库需要通过格式转换才能完成。目前有两种方法进行入库，一种方法是在 VirtuoZo 中将数据转换为 Shapefile 格式，然后在 ArcGIS 中导入数据。这种模式中，数据属性字段是默认的几个，无法修改。另一种方法是在 VirtuoZo 中将数据转为 CAD 的 DXF 格式，然后利用 ArcGIS 转换工具将数据引入到 ArcGIS 中，这种转换模式中的数据属性字段是在 ArcGIS 转换工具中指定的，由于 ArcGIS 中提供了多种选择，可以按要求建立需要的数据属性字段，因此是比较实用的方法，本次实习将采用这种方法，其作业流程如图 6-25 所示：

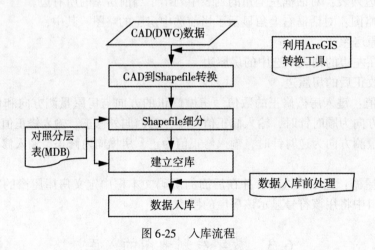

图 6-25　入库流程

（1）在 VirtuoZo 中将采集结果输出为 DXF 格式，然后利用 ArcGIS 的 ArcToolBox 模块的转换工具 ArcToolBox-Conversion-Tools-To Geodatabase-Import From CAD 将 DXF 文件转换为 Shapefile。转换得到的 Shapefile 中包含有 Points、Lines、Area 和 CadDoc 4 个图层以及 XtrProp、XData、TxtProp、MSLink、Entity、CAD-Layer、Attrib 7 张属性表。可以在 ArcGIS 中直接浏览空间图形以及转换后的相应的属性表。这些属性表和空间图形要素是由 EntID 字段关联的。经过转换后，数据中每个要素通过 EntID 字段可以在对应的属性表中找到对应的所有属性。其中，DXF 数据中的地物符号、高程点注记等转换后在 ArcGIS 中以点的形式存在，字段值 text 即为注记的文本值。

（2）建立空数据库，主要是利用 Personal Geodatabase 创建数据集（dataset），并在数据集中创建空的 FeatureClass，其命名以分层对照表中相应层名来确定。各层细分过后，需要进行数据处理，由 DXF 格式的数据转成 Shapefile 格式的数据和 Shapefile 数据继续细分层之后，数据还不能入库，因为这两种数据格式之间有着较大的差异，加上 DXF 数据在作图时会产生一些错误，所以还需要进行一系列的检查处理，使数据能更统一规范地入库。

（3）数据入库。入库原理主要是依据 Dataset 中 Feature2Class 的名称与所有 Shapefile 层名是否相同，依此来判断并逐一添加入库。在入库后还需要在 ArcGIS 中进行数据处理，常见数据处理方法有（孔毅，2010）：

① 删除重复高程点。打开点图层，搜索到所有的点，对每个点做很小阈值的缓冲面，用此面和点层作空间包含，如果搜到大于一个点，则删掉此点，依次循环。

② 给高程点赋值。首先，打开高程点层、高程注记点层，搜索到所有的高程点，然后，从每个高程点先做一定阈值（数据不同阈值不同）的缓冲面，用此面和高程注记点层作空间包含，如果搜到一个注记点，则把注记点的 text 字段赋给高程点的 text；如果搜到两个注记点，比较一下两个注记点到高程点的距离，把距离小的那个注记点的 text 赋给高程点；如果未搜索到注记点，重新调整阈值，重复上面的工作。

③ 删除已构面的房屋线。打开房屋面和房屋线层，搜索到所有的房屋面，给每个面做很小阈值的缓冲面，用此面和房屋线层做空间包含，循环全部的房屋面，如果搜到线就删掉这条线。

④ 房屋加楼层属性。打开房屋面和居民地注记，搜到每个房屋面，用面和注记层作空间包含，如果搜索到一个点，则将此点的 text 字段属性赋给房屋的 text 字段；如果搜索到两个点，比较一下两个注记点的 text，把汉字放在前面，数字放到后面。

⑤ 一般地物赋值。打开独立地物层和独立地物注记层，搜索到每个独立地物注记，如果这个独立地物注记的 text 不是球场，就以这个注记点做相应阈值的缓冲面，再以此面和独立地物层作空间相交，如果搜到独立地物要素，就把注记的 text 属性赋给独立地物要素；如果这个独立地物注记的 text 是球场，就以这个注记点做更大阈值的缓冲面，再以此面和独立地物层作空间相交，如果搜到独立地物要素，就把注记的 text 给独立地物要素。

⑥点选构面。在未构面层要素内部用鼠标点击，将该点作适当缓冲后与线要素做空间关系查询，搜索到线要素，并利用一个距离阈值来判断其两端点与相邻线要素端点是否连接，若连接，则加入到容器（geometrycollection）中，逐一进行判断。判断完后将容器内的要素重新生成面。

⑦等高线赋值。首先，人工赋值最高点、最低点处等高线，并在最高与最低等高线处画一条线，确保这条线与这两条等高线间的所有等高线都相交，找出所有交点，生成节点；其次，确定节点顺序和最高等高线的节点位置，从这点开始，依次按顺序以节点做很小的阈值缓冲，找到相应的等高线，并以相应等高距依次递减赋值。在赋值最高与最低等高线时，赋值后的等高线高亮显示，画线赋值后的等高线全部复制到另外一层，且在原图层中赋值后的等高线都会被删除，方便操作。

⑧道路中心线的生成。道路中心线可以利用 ArcGIS 中编辑工具来半自动生成。

（4）拓扑检查。在 ArcGIS 中有关 Topolopy 操作有两个，一个是在 ArcCatalog 中，另一个是在 ArcMap 中。通常，我们将在 ArcCatalog 中建立拓扑称为建立拓扑规则，而在 ArcMap 中建立拓扑称为拓扑处理。ArcCatalog 中所提供的创建拓扑规则，主要是用于进行拓扑错误的检查，其中部分规则可以在容限内对数据进行一些修改调整。建立好拓扑规则后，就可以在 ArcMap 中打开一些拓扑规则，根据错误提示进行修改。ArcMap 中 Topolopy 工具条的主要功能有：对线拓扑（删除重复线、相交线断点等，Topolopy 中的 Planarize Lines）、根据线拓扑生成面（Topology 中的 Construct Features）、拓扑编辑（如共享边编辑）、拓扑错误显示（用于显示在 ArcCatalog 中创建的拓扑规则错误，Topolopy 中的 Error Inspector）、拓扑错误重新验证。

在 ArcCatalog 中创建拓扑规则的具体步骤：要在 ArcCatalog 中创建拓扑规则，必须保证数据为 GeoDatabase 格式，且满足要进行拓扑规则检查的要素类在同一要素集下。因此，首先创建一个要素集，然后创建要素类或将其他数据作为要素类导入到该要素集下。进入到该要素集下，在窗口右边空白处单击右键，在弹出的右键菜单中有 "New" → "Topolopy"，然后按提示操作，添加一些规则，就完成了拓扑规则的检查。最后，在 ArcMap 中打开由拓扑规则产生的文件，利用 Topology 工具条中错误记录信息进行修改。

（5）属性检查。在 ArcGIS 中打开属性表，选择需要检查的字段，右击 "选择汇总或统计"，根据所得结果进行分析，或者利用二次开发的一些工具进行属性检查。

# 6.4　数字线划地图的出版

地图是自然环境和社会经济与文化的图形表达，它是真实有形的。除了地图形式外，地图的另外一个重要特征就是功用。地图要实用，就必须能将信息有效地传递给读者。读者能从地图的信息提示中区分新的或不同的信息。在地图生产时，制图者必须从大量冗余信息中提炼和组织信息。基于这一点，可以认为地图是对现实环境的制图抽象。这个抽象过程包括对地图信息的选取、分类、化简和符号化。信息的选取取决于地图的用途，分类是按照地图目标属性的一致性或相似性进行归类，化简用来剔除不必要的细节，符号化是用地图符号呈现真实的地理事物。计算机技术给地图数据模型带来的一个重大影响就是将地理底图进一步抽象成作为符号模型的数字图像。地图作为表达客观世界的一种数据模型，在数据库中表现为有序的空间数据，这就是数字地图（高俊，1999）。数字地图就是在一定坐标系统内具有确定坐标和属性标志的制图要素和离散数据在计算机可识别的存储介质上概括而有序的集合。

## 6.4.1　实习目的与要求

（1）了解数字线划图出版（制图）的内容；
（2）了解数字线划图出版（制图）的流程。

## 6.4.2　实习内容

（1）对数字线划图按出版要求进行修编等；
（2）对数字线划图进行模拟出版，输出图片文件。

## 6.4.3　实习指导

### 6.4.3.1　启动 DiDraw 界面

在 VirtuoZo 界面上单击 "DLG 生产" → "地图制作" 菜单项，系统弹出 DiDraw 界面，单击 "文件" → "打开" 菜单项，在系统弹出的打开对话框中选择需要进行出版的 DLG 数据文件，然后单击"打开"按钮，系统即显示数字线划地图DLG，如图6-26所示。

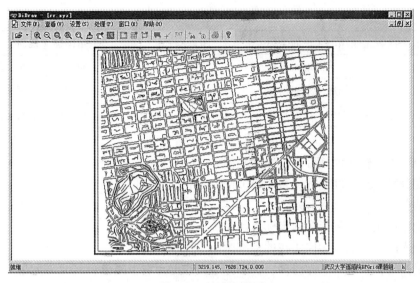

图 6-26　输出矢量图

#### 6.4.3.2　引入数据

在 DiDraw 界面，使用"处理"菜单中的"引入设计数据"、"引入调绘数据"、"引入测图数据"、"引入 CAD 数据"可分别引入对应格式的矢量数据；使用"处理"菜单中的"删除矢量数据"，可删除引入的矢量；使用"处理"菜单中的"添加路线、添加直线、添加文本"菜单项，可直接在地图上绘制路线、直线和文本注记。

#### 6.4.3.3　设置参数

在 DiDraw 界面，使用"设置"菜单中的各个菜单项，可以设置影像图的各个参数。

1. 设置图廓参数

在 DiDraw 窗口，单击"设置"→"设置图廓参数"菜单项，进入"图框设置"对话框，如图6-27所示。

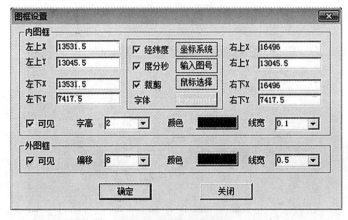

图 6-27　图框参数设置

（1）内图框8个坐标代表的意义见表6-3；

表6-3　　　　　　　　　　　　　　内图框8个坐标的意义

| 左上 X | 左上角图廓 X 地面坐标 | 右上 X | 右上角图廓 X 地面坐标 |
|---|---|---|---|
| 左上 Y | 左上角图廓 Y 地面坐标 | 右上 Y | 右上角图廓 Y 地面坐标 |
| 左下 X | 左下角图廓 X 地面坐标 | 右下 X | 右下角图廓 X 地面坐标 |
| 左下 Y | 左下角图廓 Y 地面坐标 | 右下 Y | 右下角图廓 Y 地面坐标 |

（2）经纬度：输入值是否为经纬度坐标；

（3）度分秒：经纬度坐标是否为 DD. MMSS 格式；

（4）裁剪：是否进行裁剪处理；

（5）坐标系统：设置影像的坐标投影系统；

（6）输入图号：输入影像所在的标准图幅号；

（7）鼠标选择：使用鼠标选择，在图像上自左上至右下拖框；

（8）字体：设置坐标值在图上显示的字体；

（9）可见（内图框）：内图框是否可见；

（10）字高：坐标值文字的高度大小；

（11）颜色（内图框）：设置内图框的颜色；

（12）线宽（内图框）：设置内图框的线宽；

（13）可见（外图框）：外图框是否可见；

（14）偏移：外图框相对内图框的偏移；

（15）颜色（外图框）：设置外图框的颜色；

（16）线宽（外图框）：设置外图框的线宽；

（17）确定：保存设定并返回 DiDraw 界面；

（18）关闭：关闭设定并返回 DiDraw 界面。

2. 设置格网参数

在 DiDraw 界面，单击"设置"→"设置格网参数"菜单项，进入方里格网设置对话框，如图 6-28 所示。

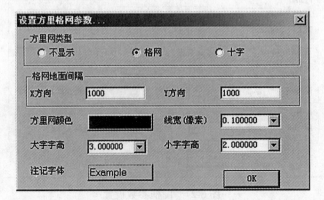

图6-28　方里格网设置

（1）方里网类型：设置方里格网的类显示类型，分为不显示、格网显示、十字显示三种。

（2）格网地面间隔：设置方里格网在 X 方向和 Y 方向上的间隔，单位为米。

（3）方里网颜色：设置方里格网的显示颜色。

（4）线宽（像素）：设置方里格网线的宽度。

（5）注记字体：设置注记文字的字体。

（6）大字字高：坐标注记字百公里以下的部分的字高，单位为毫米。

（7）小字字高：坐标注记字百公里以上的部分的字高，单位为毫米。

（8）OK：保存设置并返回 DiDraw 界面。

3. 设置图幅信息

在 DiDraw 界面，单击"设置"→"设置图幅信息"菜单项，进入图幅信息设置对话框，如图 6-29 所示。

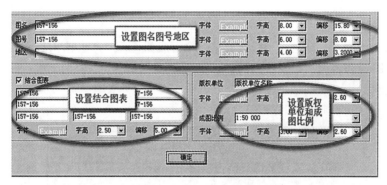

图 6-29　图幅信息设置

4. 按层设置矢量显示参数

在 DiDraw 界面，单击"设置"→"按层设置显示参数"菜单项，进入按层设置显示参数对话框，如图 6-30 所示。该对话框的作用是对分层设置矢量的显示参数。

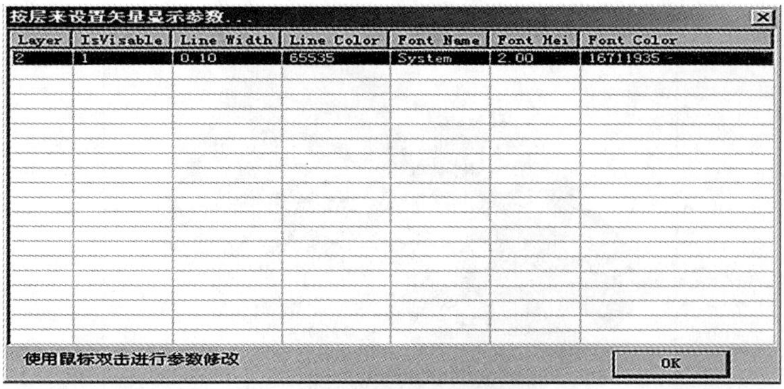

图 6-30　图层设置

层列表中每一行显示一个图层的信息，要对某层参数进行设置，使用鼠标双击层列表中的该层，弹出矢量显示对话框，如图 6-31 所示。

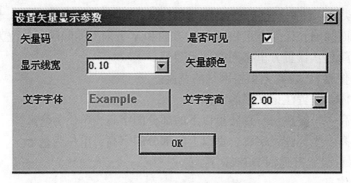

图 6-31　矢量显示参数设置

在矢量显示对话框中，可以设置该层的矢量是否可见、显示线宽、矢量颜色，文字字体和字高等属性。

6.4.3.4　输出成果

完成设置和编辑后，单击"编辑"→"输出成果图"，弹出输出设置如图 6-32 所示。设置成果文件路径和名称，以及保留边界，然后单击"确定"按钮即可。图 6-33 是输出完毕后的成果展示。

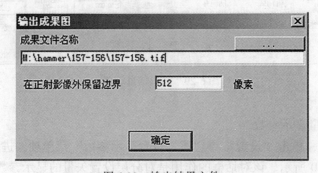

图 6-32　输出结果文件

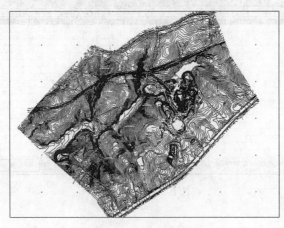

图 6-33　输出成果图

# 第 7 章　数字栅格地图（DRG）生产实习

## 7.1　基础知识

数字栅格地图（Digital Raster Graphic，DRG）是根据现有纸质、胶片等地形图经扫描、几何纠正及色彩校正后，形成在内容、几何精度和色彩上与地形图保持一致的栅格数据集。

地图经扫描、几何纠正、图像处理及数据压缩处理，彩色地图应经色彩校正，使各幅图像的色彩基本一致。数字栅格地图（DRG）在内容、几何精度和色彩上与同等比例尺地形图一致。DRG 是模拟产品向数字产品过渡的产品，可作为背景参照图像与其他空间信息相关参考与分析。可用于数字线划地图的数据采集、评价和更新，还可与数字正射影像图、数字高程模型等数据集成，派生出新的信息，制作新的地图。

数字栅格地图的技术特征为：地图地理内容、外观视觉式样与同比例尺地形图一样；平面坐标系统采用 1980 西安坐标系大地基准；地图投影采用高斯-克吕格投影；高程系统采用 1985 国家高程基准；图像分辨率为输入大于 400dpi，输出大于 250dpi。

DRG 的应用范围包括：

（1）被当作背景，用于数据参照或修测其他与地理相关的信息，适用于数字线划图（DLG）的数据采集、评价和更新；

（2）可与数字正射影像图（DOM）、数字高程模型（DEM）等数据信息集成使用，派生出新的可视信息，从而提取、更新地图要素；

（3）可以绘制纸质地图，改变地图存储和印刷的传统方式；

（4）提供其他地理信息的定位基准。

DRG 的制作技术流程如图 7-1 所示，整个技术流程主要包括以下几个部分：

（1）地形图扫描。为了保证 DRG 的质量，扫描分辨率应不低于 500dpi。对于分版黑白或单色地形图，采用 256 级灰度模式存储。对于彩色地图，采用 256 色索引彩色模式储存。为得到最佳的扫描效果，按图件情况调整域值和亮度值。

（2）几何纠正。由于地形图存在纸张变形或在印制过程中带来的偏差等问题，以及由于扫描设备精度的限制，必须对影像进行几何纠正以消除上述各种变形误差。本书将几何纠正分为两种形式：整体纠正和逐格网几何纠正。整体纠正用来将栅格图像由扫描仪坐标转换为高斯投影平面直角坐标，实现对图幅的定向并消除系统误差。逐格网几何纠正用来消除整体纠正遗留的局部误差。

（3）色彩归化。色彩归化是将经过几何纠正的地图颜色按照 RGB 色彩系统从印刷的纸质地图色彩出发，将其归化为规定的标准色彩模式。

（4）图幅定向。图幅定向就是将扫描坐标系转换为高斯平面坐标系，使得数字栅格地

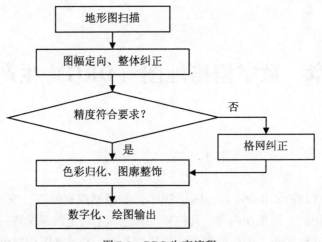

图 7-1 DRG 生产流程

图和纸质地图一样,具有大地坐标可量测性。在具体的实现过程中,4 个内图廓点成为图幅定向点。这 4 个点的影像坐标可直接从影像上获得,大地坐标可由具体的图幅号推算出四个角点的理论经纬度,再由 4 个角点的经纬度按公式计算出来。在图纸扫描误差不大、图纸变形很小的情况下,可直接运用图幅定向将扫描后的数字影像转换成数字栅格地图。在上述误差较大的情况下,由于通过图幅定向已经建立起高斯平面坐标和影像坐标这二者之间的几何位置关系,所以可利用这二者之间的几何位置关系来自动确定某点的概略坐标,通过半自动逐公里格网纠正获得精确几何关系的 DRG。

(5)整体几何纠正。数字化栅格地图的变形误差主要来源于两类情况:一是图纸由于温度、湿度、外部压力等因素所引起的扭曲、扩张、收缩等材料变形,二是扫描时扫描仪本身所存在的系统误差以及图纸未压平所引起的局部畸变。数字图像纠正的目的是改正原始图像的几何变形,产生一幅满足具有几何位置的某种地图投影或图形表达要求的新图像,如图 7-2 所示。图像的几何纠正一般分两步进行,首先是对被纠正图像像素正确几何位置的计算,即找出被纠正图的几何纠正示意图图像中每一像素的正确位置,这就需要通过一定数学模型,把像素坐标转换为大地坐标,其次是在正确位置上放上灰度或彩色值,即色彩/灰度的重采样。

(6)格网纠正。地形图扫描成数字影像后,如果影像是系统性变形,可以通过选择 4 个图廓点及图内若干点,采用二次多项式进行一次性整体纠正,以消除误差。一般情况下,受图纸变形和扫描仪误差的影响,扫描后的地形图除系统性变形外,还存在局部非均匀变形。这时,通过多选控制点来纠正整幅影像很难达到上述精度,但可在图幅定向的基础上通过局部纠正来消除局部变形和误差。在地形图上,利用逐格网纠正,能很好地消除局部误差。它是以每个公里格网为单位,选择 4 个格网点理论坐标作为控制点,采用双线性函数进行纠正。

(7)色彩归一化。色彩归一化是按照 RGB 色彩系统,从印刷的纸质地图色彩出发,将经几何纠正过的地图颜色归一化为规定的标准色彩模式。包括色彩归一化和噪音去除两个方

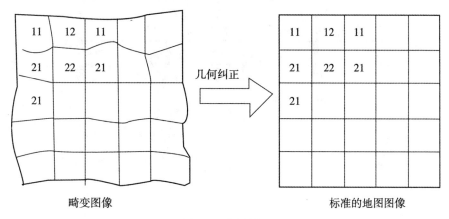

畸变图像                              标准的地图图像

图 7-2  格网纠正

面。对于分版扫描图或单色地形图,按情况采用二值化或经亮度、对比度和清晰度等处理,去除图像底色并使图像清晰无噪音,以规定的标准色代替文件中所有相应像素灰度值。为进一步改进色彩归化的质量,可以分块或分区域进行色彩归一化。

# 7.2  DRG 地理信息恢复

## 7.2.1  实习目的与要求

(1) 了解电子地图、数字地图的区别;
(2) 掌握将电子地图恢复地理信息(坐标)的方法。

## 7.2.2  实习内容

(1) 掌握坐标系统定义及参数设置;
(2) 掌握地理信息定义以及恢复要点。

## 7.2.3  实习指导

在 VirtuoZo 系统界面,单击"DRG 生产"→"DRG 地理校正"菜单项,即进入 DRG 制作界面,单击"文件"→"打开"菜单,在系统弹出的打开对话框中选择需要进行编辑的扫描地图,然后单击"打开"按钮,系统即可显示地形图,如图 7-3 所示。

在 DRG 制作界面,单击"处理"→"四角配准"菜单,进入四角配准对话框。

首先,单击"选择像点"按钮,在地图上分别找准地图的左上、右上、左下和右下 4 个内图廓角点,如图 7-4 所示。可使用左、右、上、下按钮对各个点位进行微调,使点位精确落在地图的内图廓角点上。

然后,单击"标准图号"按钮输入地图的标准图幅号(参考地图名字和注记),如"G50G096003";单击"标准图廓"按钮,设置投影坐标系和地图左下角和右上角的坐标("X","Y"为左下角坐标,"X2","Y2"为右上角坐标)。左下角坐标为地图左下方内图

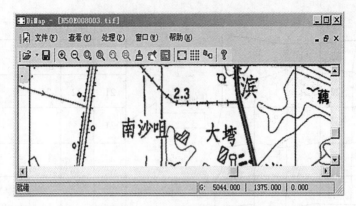

图 7-3  DiMap 地理校正界面

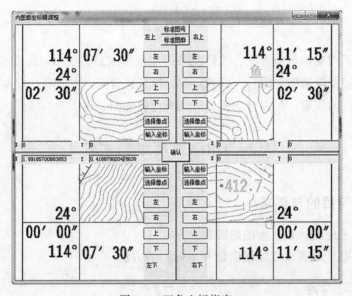

图 7-4  四角坐标指定

廓角点的经纬度坐标，右上角坐标为地图右上方内图廓角点的经纬度坐标，投影坐标系参见地图左下角的文字说明，如图 7-5 所示。样例设置如图 7-6 所示。设置完后，单击"确认"按钮即可。

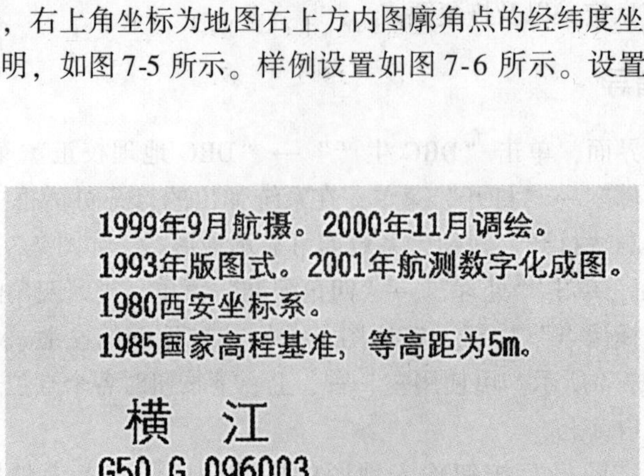

```
1999年9月航摄。2000年11月调绘。
1993年版图式。2001年航测数字化成图。
1980西安坐标系。
1985国家高程基准，等高距为5m。

    横  江
G50 G 096003
```

图 7-5  坐标系信息

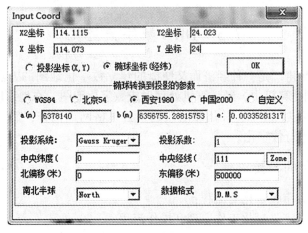

图 7-6　指定坐标系参数

　　在 DRG 制作界面，单击"处理"→"格网配准"菜单，进入格网配准对话框。单击"提取格网"按钮，在弹出的对话框中设置格网的 x 和 y 方向上的间距（单位：米），提取完毕如图 7-7 所示，最后单击"确认"即可。

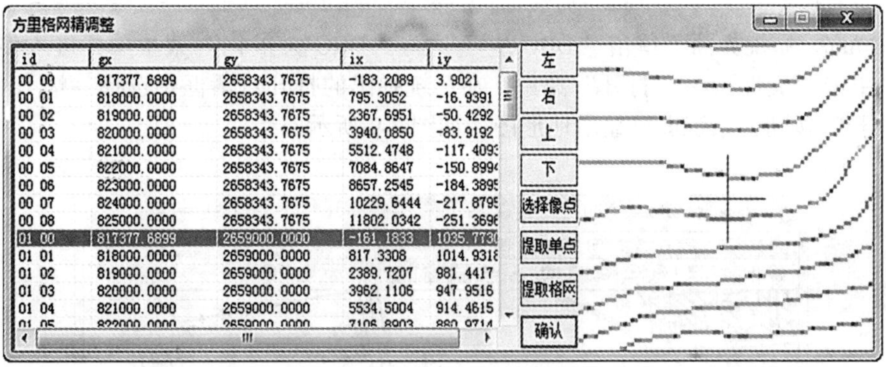

| id | gx | gy | ix | iy | |
|---|---|---|---|---|---|
| 00 00 | 817377.6899 | 2658343.7675 | -183.2089 | 3.9021 | 左 |
| 00 01 | 818000.0000 | 2658343.7675 | 795.3052 | -16.9391 | 右 |
| 00 02 | 819000.0000 | 2658343.7675 | 2367.6951 | -50.4292 | |
| 00 03 | 820000.0000 | 2658343.7675 | 3940.0850 | -83.9192 | 上 |
| 00 04 | 821000.0000 | 2658343.7675 | 5512.4748 | -117.4093 | |
| 00 05 | 822000.0000 | 2658343.7675 | 7084.8647 | -150.8994 | 下 |
| 00 06 | 823000.0000 | 2658343.7675 | 8657.2545 | -184.3895 | |
| 00 07 | 824000.0000 | 2658343.7675 | 10229.6444 | -217.8795 | 选择像点 |
| 00 08 | 825000.0000 | 2658343.7675 | 11802.0342 | -251.3696 | |
| 01 00 | 817377.6899 | 2659000.0000 | -161.1833 | 1035.7730 | 提取单点 |
| 01 01 | 818000.0000 | 2659000.0000 | 817.3308 | 1014.9318 | |
| 01 02 | 819000.0000 | 2659000.0000 | 2389.7207 | 981.4417 | |
| 01 03 | 820000.0000 | 2659000.0000 | 3962.1106 | 947.9516 | 提取格网 |
| 01 04 | 821000.0000 | 2659000.0000 | 5534.5004 | 914.4615 | |
| 01 05 | 822000.0000 | 2659000.0000 | 7106.8903 | 880.9714 | 确认 |

图 7-7　格网精调整

　　在 DRG 制作界面，单击"处理"→"纠正影像"菜单，进入纠正影像参数设置对话框，设置成果输出路径和分辨率，如图 7-8 所示。再单击"确定"按钮即可进行纠正，纠正完毕后退出程序。纠正结果为带地理坐标文件的 tif 格式地图。

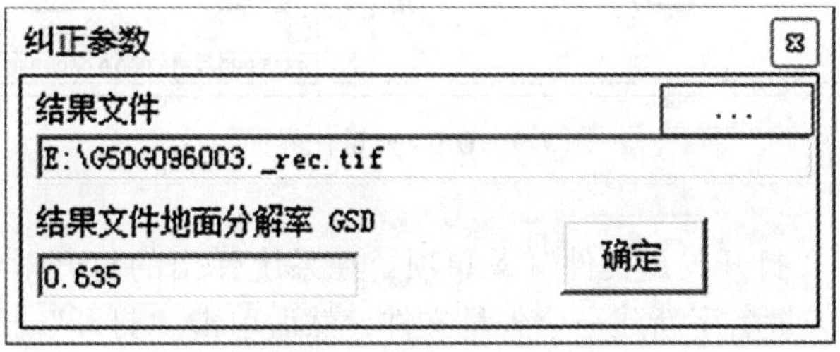

图 7-8　输出结果文件

## 7.3　DRG 数字矢量化

采用 DRG 矢量化生产是一种经济而又便捷的建立数字化地图的方法。核心工作是把已有图纸的信息采集到计算机中,经计算机处理形成数字化地图。在地形图矢量化前,需要对 DRG 进行公里格网点单点配准,并用相对较远的公里格网点检查,然后才可以利用人机交互的方法,对 DRG 进行数字化。

### 7.3.1　实习目的与要求

(1) 了解 DRG 数字矢量化的流程;
(2) 掌握 DRG 数字矢量化工作原理和操作流程。

### 7.3.2　实习内容

(1) 地貌数字化,包括特征线、等高线、流水线等;
(2) 地物数字化,包括建筑、道路、植被、地类等;
(3) 文字注记数字化。

### 7.3.3　实习指导

在 VirtuoZo 系统界面,单击"DRG 生产"→"DRG 矢量化"菜单项,进入 DRG 矢量化界面,单击"文件"→"打开"菜单,在系统弹出的打开对话框中选择一幅 DRG,然后单击"打开"按钮,系统即可显示地形图,如图 7-9 所示。

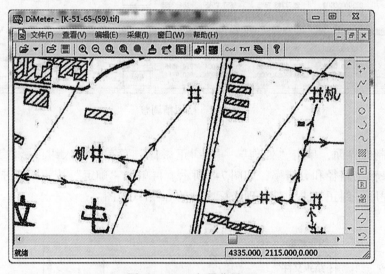

图 7-9　DRG 矢量化界面

单击"文件"→"打开矢量文件"菜单项,在系统弹出的打开对话框中选择一个矢量文件,或者输入一个矢量名字新建一个矢量文件,然后单击"打开"按钮,即可加入矢量。
首先,在"采集"菜单中,选取要绘制的矢量的类型:点、直线、曲线、圆弧、流线等。

其次，利用鼠标左键在地图上对应类型地物的轮廓上描绘点、线、面，如图 7-10 所示，中间红色小框连起来选中的部分描绘的是一条线状地物。

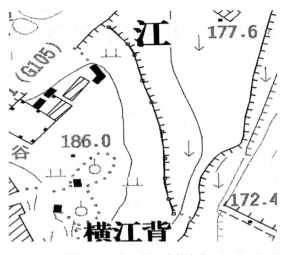

图 7-10　人工交互式数字化

再次，一个矢量采集完毕，要对该矢量进行编辑。单击鼠标右键，进入编辑状态。单击左键选中绘制的矢量，矢量被选中后如图 7-11 所示，会有一系列红色小框。使用编辑菜单项以及工具栏中的各项功能对该矢量进行编辑，例如，单击工具栏图标 Cod，可以输入矢量的属性特征码，单击工具栏图标 TXT，在弹出的对话框中输入文字，即可为矢量添加文字注记。

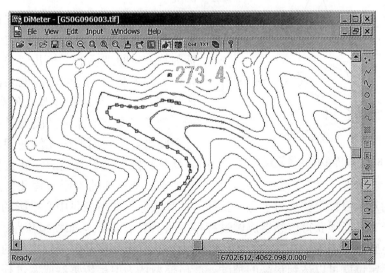

图 7-11　选中矢量

最后，采集完所有需要的矢量后，保存退出即可。

矢量的详细采集和编辑方法，请参考第 6 章 DLG 采集。

# 第 8 章　卫星影像处理实习

## 8.1　基础知识

卫星影像的处理应该属于遥感影像处理的范畴，而遥感影像处理包括对影像进行辐射校正和几何纠正、图像整饰、投影变换、镶嵌、特征提取、分类以及各种专题处理的方法。针对摄影测量而言，我们主要讨论影像的几何纠正问题，因此下面将重点讨论卫星影像的定向、纠正以及配准和融合问题。

### 8.1.1　卫星影像成像模型

为实现卫星影像的纠正和配准，需要从卫星影像的成像模型入手，与传统框幅式相机成像方式不同，高分辨率光学卫星传感器多采用 CCD 线阵推扫成像，如图 8-1 所示。

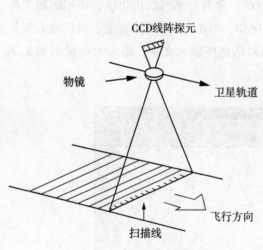

图 8-1　线阵影像成像原理

由于成像模式的不同，卫星影像的几何处理需要有一套适合自身特点的几何处理模型和方法。目前，常用的几何处理模型主要可以分为严格几何处理模型和通用几何处理模型两类。

卫星遥感影像严格几何处理模型作为理论上最为严密的数学模型，很好地表达了像点坐标与物方空间坐标的严格几何关系。它以共线条件方程为基础，能够较好地表征传感器的成像几何特性，是卫星影像几何处理的基本模型。为了将像点坐标转换成为对应地面点的物方空间坐标，利用严格几何处理模型时，首先要恢复影像在摄影时刻的空间位置、姿态及相互关系，即所谓的摄影过程几何反转，然后才能进行影像的对地目标定位。对于每一扫描行，其成像都严格满足中心投影的几何关系。为了恢复成像光束，必须获得传感器成像过程中的各种特征参数，如物镜焦距、像主点位置、卫星位置和传感器姿态等。当这些参数足够精确时，基于严格几何处理模型的卫星遥感影像直接对地目标定位就可以达到很高的精度。严格模型认为卫星传感器成像过程可以通过点的一系列空间坐标转换来进行描述。首先在影像坐标系下完成像点坐标的量测，然后将像点经过瞬间影像坐标系→传感器坐标系→卫星本体坐标系→卫星轨道坐标系的坐标转换。

（1）影像坐标系：影像坐标系 $O\text{-}RC$ 以影像的左上角为原点，行向坐标用 $R(\text{row})$ 表示，列向坐标用 $C(\text{column})$ 表示。

（2）瞬时影像坐标系：瞬时影像坐标系 $o_i\text{-}x_iy_i$ 以影像上每条扫描行的像主点为原点，沿着扫描行方向为 $y$ 轴，垂直于扫描行方向为 $x$ 轴（指向卫星飞行方向）。

（3）传感器坐标系：传感器坐标系 $o\text{-}xyz$ 的原点在 CCD 线阵投影中心，$y$ 轴平行于扫描行方向，$x$ 轴垂直于扫描行指向线阵列推扫方向，$z$ 轴按照右手系规则确定。

（4）卫星本体坐标系：卫星本体坐标系 $O_B - X_BY_BZ_B$ 的原点为卫星质点，3 个坐标轴由卫星姿态控制系统定义，通常取卫星的 3 个主惯量轴，又称为主轴坐标系。$Y_B$ 轴方向与卫星横轴一致，$X_B$ 轴大致指向卫星飞行方向，$Z_B$ 轴按照右手系规则确定。

（5）卫星轨道坐标系：原点为卫星质点，以卫星轨道平面为坐标平面，$Z_0$ 轴由地心指向卫星质心，$X_0$ 轴在轨道平面内与 $Z_0$ 轴垂直并指向卫星飞行方向，$Y_0$ 轴与 $X_0$、$Z_0$ 轴右手正交且平行于轨道平面的法线。此坐标系在空中是不断变化的。

在高分辨率卫星遥感影像的直接对地目标定位中，以地心直角坐标系为物方空间坐标系，将其原点平移至投影中心作为像方空间辅助坐标系。设线阵影像第 $i$ 扫描行上某像点的传感器坐标为 $(0, y_i, -f)$，对应的像空间辅助坐标为 $(X_i, Y_i, Z_i)$，则从传感器坐标到像空间辅助坐标的转换可归结为：

$$\begin{bmatrix} X_i \\ Y_i \\ Z_i \end{bmatrix} = SRT \begin{bmatrix} 0 \\ y_i \\ -f \end{bmatrix} = W \begin{bmatrix} 0 \\ y_i \\ -f \end{bmatrix}$$

式中，$T$ 为成像光束从传感器坐标到卫星本体坐标系的正交变换矩阵。$R$ 为卫星本体坐标系到卫星轨道坐标系的正交变换矩阵。$S$ 为卫星轨道坐标系到地心直角坐标系的正交变换矩阵。

较严格几何处理模型来讲，有理函数模型是一种更加通用的卫星影像定向模型。有理函数模型是对一般多项式、模型和直接线性变换模型的扩展，是各种遥感影像通用几何处理模型的更为广泛和完善的一种表达形式。有理函数模型将像点坐标 $(R, C)$ 表示为含地面点坐标 $(X, Y, Z)$ 的多项式的比值，即

$$\begin{cases} r_n = \dfrac{P_1(X_n, Y_n, Z_n)}{P_2(X_n, Y_n, Z_n)} \\[3mm] c_n = \dfrac{P_3(X_n, Y_n, Z_n)}{P_4(X_n, Y_n, Z_n)} \end{cases}$$

式中，$(X_n, Y_n, Z_n)$，$(r_n, c_n)$ 分别为地面点坐标 $(X, Y, Z)$、像点坐标 $(R, C)$ 经平移和缩放后的正则化坐标，取值为 $[-1, 1]$；各多项式 $P_i = (i = 1, 2, 3, 4)$ 中每一项的各坐标分量 $X_n$，$Y_n$，$Z_n$ 的幂次最大不超过 3，且每一项各坐标分量的幂次之和也不超过 3 次。RFM 采用正则化坐标以提高模型中各系数求解的稳定性并减少计算过程中由于数据级过大而引起的数据舍入误差。有理函数模型是对一般多项式模型和直接线性变换模型的扩展，是各种遥感影像通用几何处理模型的更为广泛和完善的一种表达形式。其形式简单，适用于各种类型的遥感传感器，而且无需使用成像过程中的各种几何参数。此外，有理多项式系数一般不具备明确的物理意义，能够很好地隐藏传感器的核心信息。

除 RFM 模式外，很多学者也对卫星成像模型进行了探讨，也提出了许多实用模型，如 Okamoto（1999）提出了一种利用仿射投影变换来处理高分辨率星载线阵 CCD 推扫式影像的方法，实验表明利用仿射投影处理线阵 CCD 推扫式影像尽管在理论上存在不足，但获得的定位精度与严格传感器模型相当或更优。Okamoto 的仿射变换模型以平行投影影像为基础，

利用仿射变换建立起平行投影影像和物方空间之间的数学关系，故可称之为平行投影仿射变换模型。Okamoto 提出了两种形式的仿射变换模型，即一维仿射变换和二维仿射变换。如果以星载 CCD 传感器的飞行方向为中心投影影像坐标系的 $x$ 轴，扫描方向为 $y$ 轴，则一维仿射变换模型可以表示为：

$$\begin{cases} 0 = X + L_1 + L_2 + L_3 \\ y_a = L_4 + L_5 + L_6 \end{cases}$$

其中，第一个方程式建立了物方空间坐标系中的一个成像平面，第二个方程则体现了一维仿射影像与地面在成像平面进行垂直投影的关系。一维仿射变换模型，各扫描行的 6 个定向参数随时间线性变化。为了克服一维仿射变换的不足，Okamoto 进一步提出了二维仿射变换，其中各扫描行的定向参数固定不变，具体形式为：

$$\begin{cases} x_a = L_1 X + L_2 Y + L_3 Z + L_4 \\ y_a = L_5 X + L_6 Y + L_7 Z + L_8 \end{cases}$$

张剑清等人在平行投影的基础上提出了高分辨率遥感影像基于仿射变换的严格几何模型，该模型采用了基于平行光投影的三步变换的方法，第一步是将三维空间经过相似变换缩小至影像空间，再将其以平行光投影至一个水平面上（仿射变换），最后将其变换至原始倾斜影像。

$$a_{l_1} X_g + a_{l_2} Y_g + \left( a_{l_3} + \frac{x_l - x_{l_0}}{m\cos\alpha_l(f - (x_l - x_{l_0})\tan\alpha_l)} \right) Z_g = \frac{f(x_l - x_{l_0})}{f - (x_l - x_{l_0})\tan\alpha_l} - \alpha_{l_0}$$

$$b_{l_1} X_g + b_{l_2} Y_g + b_{l_3} Z_g = y_l - y_{l_0} - b_{l_0}$$

$$a_{r_1} X_g + a_{r_2} Y_g + \left( a_{r_3} + \frac{x_r - x_{r_0}}{m\cos\alpha_r(f - (x_r - x_{r_0})\tan\alpha_r)} \right) Z_g = \frac{f(x_r - x_{r_0})}{f - (x_r - x_{r_0})\tan\alpha_r} - \alpha_{r_0}$$

$$b_{r_1} X_g + b_{r_2} Y_g + b_{r_3} Z_g = y_r - y_{r_0} - b_{r_0}$$

式中，$X_g$、$Y_g$、$Z_g$ 是地面点坐标，而 $x_l$，$y_l$，$x_r$，$y_r$ 则是左右影像坐标，这个模型除了 5 个以上的控制点外，它不需要传感器轨道的先验参数。试验表明，基于该模型的高分辨率遥感影像方位参数计算是稳定的，可解决高分辨率遥感影像方位参数计算相关性的问题。

### 8.1.2  卫星影像配准融合

随着遥感技术的发展，获取遥感数据的手段越来越丰富。由各种不同的传感器获取的影像数据与日俱增，在同一地区形成了多时相、多分辨率的影像序列。如何综合各种类型的遥感影像信息，提高遥感数据的利用效率已成为遥感应用的瓶颈问题，多源遥感数据融合技术是解决这一问题的有效手段。遥感影像融合是将多源信道所采集的关于同一目标的图像经过一定的图像处理，提取各自信道的信息，最后综合成统一图像或综合图像特征以供进一步处理，这样有利于增强多重数据分析和环境的动态监测能力，可改善遥感信息提取的及时性和可靠性，可有效地提高数据的使用率，可为大规模遥感应用研究提供良好的基础，同时也是目前遥感应用分析研究的前沿课题和热点领域。遥感影像融合的目的是互补多源信息，消除冗余和矛盾，减少模糊度，改善解译精度，提高可靠性和使用率，最终形成对目标的完整一致的信息描述。与单传感器遥感数据处理相比，多源遥感数据融合具有以下几方面的优越性：①锐化影像；②改善几何纠正精度；③为三维测量提供立体观测能力；④增强单一数据源中的模糊特征；⑤利用互补信息改善分类质量；⑥利用多时相数据进行变化检测；⑦实现多源遥感影像间的数据替换；⑧提高目标识别与提取中的数据完整性（何国今，1999）。

不同的传感器获取的同一区域遥感影像间存在着平移、旋转、比例缩放等变化，因此不能直接进行融合，需首先进行图像配准。图像配准是两图像同名点在空间位置上的匹配、套合过程，也是消除多源数据之间坐标误差的过程。最早将配准技术应用到实际操作的国家是美国，早在20世纪70年代，美国研究的一些飞行器辅助导航系统以及武器投射系统都用到了图像配准技术，对于此项技术的应用，得到了美国军方的大力支持。20年后，经过专家学者们的进一步研究后，此技术终于在中程导弹以及战斧式巡航导弹上试验成功，使导弹的弹着点平均圆的误差半径在十几米之内，相较于以往的技术误差，此误差有了很大的降低，从而导弹的命中率得到了很大的提高。

配准一般分为两类：基于特征的图像匹配和基于灰度的图像匹配。基于图像特征的配准方法中，点特征、直线段特征以及边缘特征都是一些图像配准技术常用的基本特征，另外，图像的外部轮廓、统计矩以及图像闭合区域等都是配准时所需要关注的特征。而在基于灰度的图像配准方法中，首先要利用整幅图像的灰度信息来衡量需要配准的两幅图像是否相似，相似度大概是多少，然后，再选取一种合适的搜索方法来确定出能够使得相似性度量达到最小值或者最大值的点，这样，两幅图像之间的变换模型参数也就随之确定了。

在影像间配准完成后就可以进行融合，根据信息抽象程度差异，遥感信息融合可划分为像素级（pixel level fusion）、特征级（feature level fusion）和决策级（decision level fusion）三个层次。像素级影像融合是将空间配准的多源遥感影像数据根据某种算法生成新的融合影像，是直接对原始影像像素灰度值进行处理，属于最低层次的融合，特点是数据量大，能够保留大部分原始信息。特征级影像融合是对从各数据源中的提取的目标特征信息进行处理分析的过程，系统输入是影像，输出的则是关于特征的描述，融合结果为决策提供最大限度的特征信息，融合方法主要有聚类分析法、证据推理法、贝叶斯估计、熵法、加权平均等、神经网络法等。决策级融合是最高层次的融合，它是在特征识别的基础上，通过相关处理，为决策提供直接依据，常用的决策级融合方法有贝叶斯估计、神经网络法、模糊聚类法及专家系统等。由于影像目标特征识别与提取技术难度较大，目前影像融合研究仍集中在像素级的融合。

像素级遥感图像融合算法主要有HSI变换法、小波变换法、主成分分析PCA法和PanSharp法。这几种融合算法理论比较成熟，并且在特定方面都有很好的融合效果。

（1）HSI变换法：在图像处理中常用的有两种彩色坐标系：一种是由红（R）、绿（G）和蓝（B）三原色构成的RGB彩色空间；另一种是由亮度I、色调H及饱和度S三个变量构成的HSI彩色空间。HSI变换就是RGB空间与HSI空间之间的变换，从RGB空间到HSI空间的变换称为HSI反变换。从遥感的角度讲，由多光谱的三个波段构成的RGB分量经HSI变换后，可以将图像的亮度、色调、饱和度进行分离。变换后的I分量与地物表面粗糙度相对应，代表地物的空间几何特征，因此只要用高分辨率影像替换I分量即可实现分辨率的提高。

（2）小波变换法：小波变换具有变焦性、信息保持性和小波基选择的灵活性等优点。经小波变换可将图像分解为一些具有不同空间分辨率、频率特性和方向特性的子图像。它的高频特征相当于高、低双频滤波器，能够将一信号分解为低频图像和高频细节（纹理）图像，同时又不失原图像所包含的信息。因而可以用于以非线性的对数映射方式融合不同类型的图像数据，使融合后的图像既保留了原高分辨率遥感图像的结构信息，又融合了多光谱图像丰富的光谱信息，提高了图像的解译能力和分类精度。基于小波变换的遥感图像融合基本步骤如下：①对配准后的多光谱和全色波段图像分别进行小波正变换，获得各自的低频图像、细节、纹理图像；②用小波变换后的多光谱图像的低频成分代替全色波段图像的低频成分；③用替换后的多光谱图像的低频成分与全色波段图像的高频成分进行小波逆变换得到融合结果图像。

（3）主成分分析（PCA）法：主成分分析又称为 K-L 变换。主成分分析法是处理图像编辑、图像数据压缩、图像增强、变化检测、多时相维数和图像融合等的有效方法。基于主成分分析 PCA 的遥感图像融合基本步骤如下：①对配准后的多光谱图像进行 PA，提取第一主成分 PC1；②将全色波段图像拉伸到 PC1 的方差和均值；③用拉伸后的全色波段图像代替 PC1，进行逆 PCA，得到融合后图像。基于 PCA 的图像融合在保持图像的清晰度方面有优势，光谱信息损失比 HSI 方法稍好。后续应用若需要图像有更好的光谱特性时，PCA 变换是较 HSI 变换更好的选择。

（4）PanSharp 法：PanSharp 法，即分辨率贝叶斯法，该方法利用全色波段增强多光谱遥感影像，合并传感器特性模拟了全色波段和多波段影像的观测过程，利用先验知识估计高分辨率多光谱影像的期望值。这种方法使全色波段数据与多光谱波段数据自动对齐，成功地保留了光谱信息，同时提高了空间分辨率，丰富了地面信息。PanSharp 主要是运用最小二乘的方法来拟合原全色、多光谱影像的灰度值和融合结果的灰度值，尽量减少融合结果产生的颜色偏差；同时结合数理统计的原理，减少操作方法和数据集的依赖关系，实现融合。PanSharp 算法的核心是利用多光谱拟合一个全色波段，并使拟合的波段与原全色波段具有较高的相似性，从而降低融合过程的光谱失真。

## 8.2　卫星影像的定向与纠正

单张影像纠正为正射影像，如果外方位元素未知，则可以通过地面上有限控制点，进行单像空间后方交会，求得像片的外方位元素，然后利用 DEM 进行正射纠正。对于卫星影像，大多还是进行单张影像生产。为了消除地形投影差，卫星数据提供商一般会在产品中附加每张像片的轨道参数模型或 RPC 文件，以便确定卫星摄影或扫描时的传感器姿态和位置，作为消除地面高差投影差的理论依据。所谓 RPC 文件，是英文 rational polynomial cofficients 的首字母缩写，意思是数学意义的几何成像模型，它是结合传感器的物理参数和轨道参数，并经过若干地面控制点，经过复杂的计算卫星影像的定向得到的变换系数矩阵，在这里它的实际意义就是相当于航空像片获得外方位元素后由共线方程建立起来的光束模型。在卫星所带的 RPC 基础上，通过一些已知控制点对 RPC 进行平差、精化原 RPC 参数，形成新的 RPC，再利用已有 DEM 作纠正即可得到正射影像。

### 8.2.1　实习目的与要求

（1）了解有理函数模型定向的含义；
（2）了解有理函数模型定向的流程与各参数的意义。

### 8.2.2　实习内容

（1）掌握卫星影像有理函数模型的定向过程；

（2）利用有理函数模型完成单片定向与纠正。

### 8.2.3　实习指导

在 VirtuoZo 主界面上，单击"工具"→"单片纠正"，进入单片纠正模块 DiOrtho。打开一张原始影像后界面如图 8-2 所示。

图 8-2　影像单片纠正界面

8.2.3.1　打开单张影像

在 VirtuoZo 主界面上，单击"工具"→"单片纠正"，进入单片纠正模块 DiOrtho。单击"文件"→"打开"菜单项打开一张要进行处理的影像。

通过"处理"菜单进行控制点定向和正射纠正处理，如图 8-3 所示。

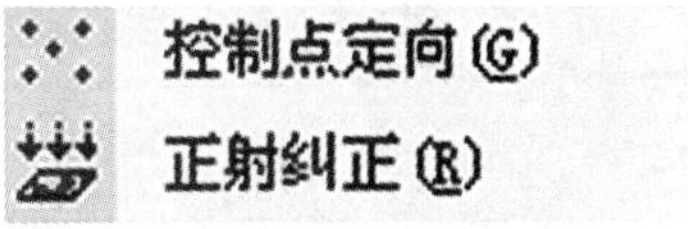

1. 控制点定向

调出控制点定向界面，如图 8-4 所示。

（1）控制点列表框说明如下：

①ID：控制点的点号，通常为一个正整数；

②ix，iy：控制点的像素坐标；

③gx，gy，gz：控制点的地面坐标；

④rx，ry：定向解算之后控制点的平面误差。

（2）按钮说明如下：

①引入文件：弹出文件打开对话框，导入文本格式的控制点文件，控制点点号及坐标会显示到控制点列表中。

⠿ **控制点定向** (G)

⠿ **正射纠正** (R)

图 8-3　单片纠正处理功能

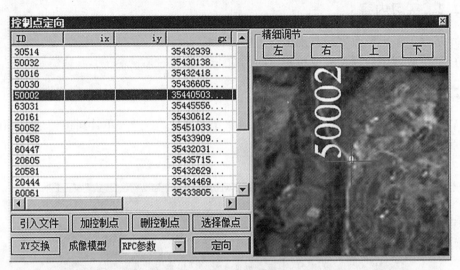

图 8-4　控制点定向界面

②加控制点：弹出添加单个控制点对话框，如图 8-5 所示。在对应的编辑框中输出控制点点号和三维地面坐标，单击"确定"按钮，即可完成添加单个控制点。

③删控制点：删除在控制点列表中选中的控制点，删除时有如图 8-6 的提示：

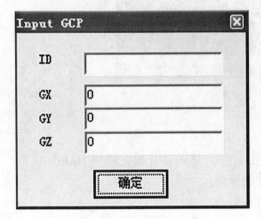

图 8-5　输入控制点数据

图 8-6　删除控制点警告

选"是"完成删除，选"否"取消删除。

④XY 交换：交换控制点列表中选中的控制点的 $x$, $y$ 坐标。

⑤成像模型：设置影像的成像模型，共有 4 种选择，如图 8-7 所示。

图 8-7　成像模型

航空影像通常选择"DLT 模型（面阵）"，卫星影像通常选择"RPC 参数"。当选择 RPC 模型后，将弹出界面如图 8-8 所示，要求输入 RPC 文件参数，以及控制点坐标系参数。控制点参数设置界面如图 8-9 所示，需要指定椭球坐标系统和中央子午线。

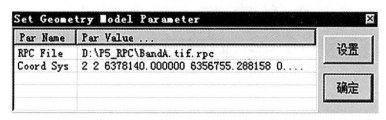

图 8-8　指定卫星 RPC 参数

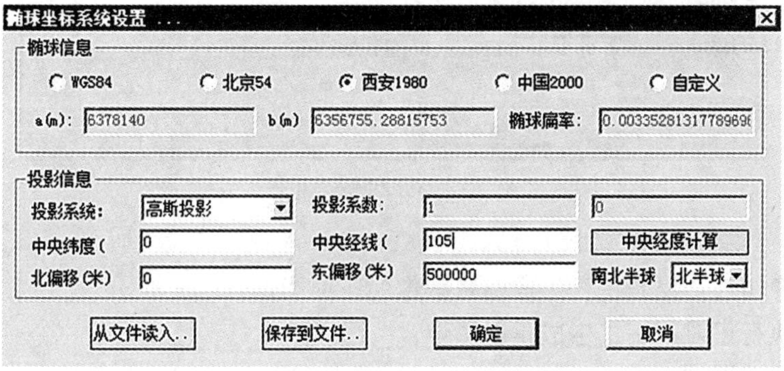

图 8-9　控制点坐标系设置

⑥定向：执行定向解算处理，求解定向参数。

（3）精细调节说明如下：

上、下、左、右：分别往上、下、左、右方向微调控制点像素坐标。"精细调节"窗口单击右键，弹出菜单如图 8-10 所示。

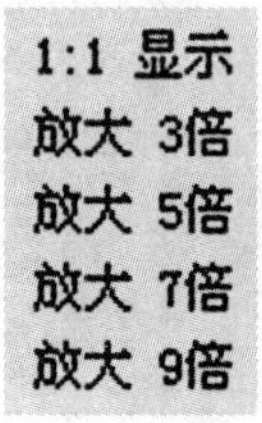

1:1 显示　精调窗口图像1:1显示
放大 3倍　精调窗口图像放大三倍显示
放大 5倍　精调窗口图像放大五倍显示
放大 7倍　精调窗口图像放大七倍显示
放大 9倍　精调窗口图像放大九倍显示

图 8-10　影像显示缩放选择

2. 正射纠正

执行生成正射影像的操作，必须先进行定向解算处理，才能执行该步骤，否则会有错误提示，如图 8-11 所示。

正确完成定向之后，单击图标🔳，弹出"正射纠正"对话框，如图 8-12 所示。

①DEM 文件：设置 DEM 文件，如果是灰的，表示不需要选择 DEM 文件；

②正射影像：设置纠正成果的文件名和路径；

③正射影像 GSD：设置正射影像的地面分解率；

图 8-11　未定向时错误提示

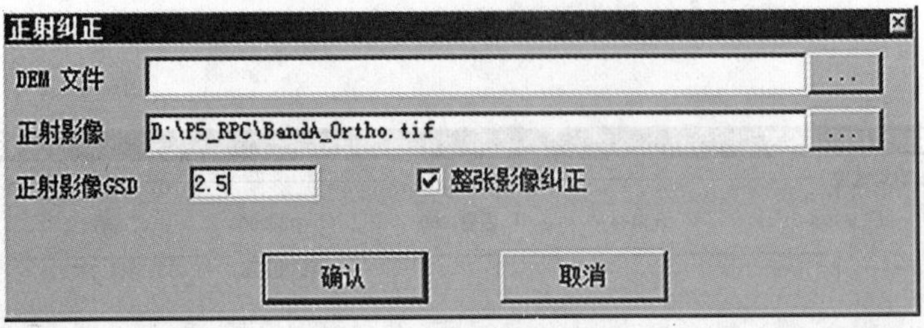

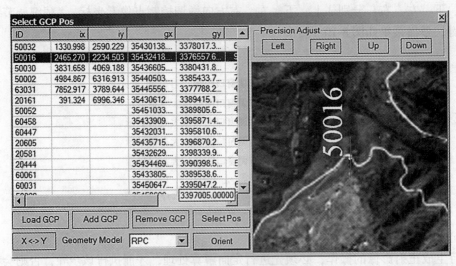

图 8-12　卫星影像纠正

④整张影像纠正：控制是否生成整张影像的正射影像；

⑤确认：执行正射纠正，生成正射影像；

⑥取消：取消操作，退出界面。

8.2.3.2　引入控制点

单击"处理"→"控制点定向"，弹出"控制点定向"对话框，单击"引入文件"按钮导入控制点文件，或者使用"加控制点"按钮逐个添加控制点，引入控制点界面如图 8-13 所示。

图 8-13　引入控制点

8.2.3.3　量测控制点

（1）量测控制点界面如图 8-14 所示。在控制点列表中选中要进行量测的某个控制点，单击"选择像点"按钮，此时会最小化控制点定向对话框。

（2）在正射影像上找到该控制点的概略位置，单击鼠标左键，即可选取该点的像素坐标，此时精细调节窗口会放大显示点位。

（3）使用精细调节窗口的上、下、左、右键精确调节控制点点位到准确位置，即完成了一个控制点的量测。

（4）以相同的方法量测其他的控制点，当量测完三个控制点会自动预测其他的控制点点位（⬤ 表示的点为预测的控制点），便于更方便地量测其他控制点（要进行定向操作至少需要三个控制点）。

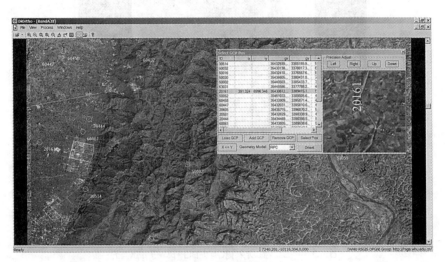

图 8-14　量测控制点

#### 8.2.3.4　定向解算

单击"定向"按钮，即进行解算，解算报告如图 8-15 所示。查看最后两列控制点的误差，误差过大说明控制点坐标错误或者控制点量测有误。

```
=======DiOrtho Orientate Result=======

RFM_CORRECTION_PARAMETERS:
CLO: 10.19729425535
CLS: 0.00025895901
CLL: 0.00048904972
CSO: 164.42663610190
CSS: -0.00015783689
CSL: 0.00002920864

GCP_X      GCP_Y      GCP_Z     Pho_x      Pho_y      Res_x(pixel)      Res_y(pixel)

35432418.600000   3376557.600000   963.100000   2464.127000   2233.360000   1.402600   0.034850
35436605.900000   3380431.800000   744.500000   3832.230000   4068.760000   -3.845400   2.649885
35440503.500000   3385433.700000   713.500000   4984.867000   6316.913000   -0.340501   1.965460
35445556.600000   3377788.200000   451.300000   7852.489000   3791.644000   0.909923   -2.986577
35430612.750000   3389415.160000   502.100000   390.038000   6996.632000   1.677280   -3.690822
35451033.700000   3389805.600000   440.900000   8968.735000   8870.753000   0.738292   -0.784414
35433909.800000   3395871.400000   491.200000   1145.807000   9757.641000   1.522576   -0.388177
35432031.320000   3395810.690000   488.900000   357.108000   9576.883000   3.984520   0.920113
35435715.050000   3396870.250000   500.070000   1807.825000   10297.185000   -3.052752   2.721088
35432629.970000   3398339.910000   482.910000   352.783000   10594.575000   -2.379313   -3.121734
35433805.200000   3389538.600000   511.000000   1729.805000   7320.029000   -0.949754   2.271562
35455136.700000   3393116.600000   426.000000   10362.958000   10488.919000   0.332281   0.409308
```

图 8-15　定向解算结果

151

#### 8.2.3.5 正射纠正

退出控制点定向界面，单击"处理"→"正射纠正"，设置正射影像参数和输出路径，单击"确定"即进行纠正，纠正结果如图 8-16 所示。

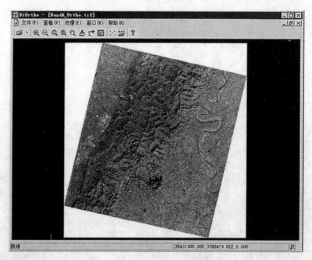

图 8-16 卫星影像纠正结果

## 8.3 卫星影像的配准与融合

遥感信息的分析处理，尤其是遥感信息的定量化处理，是遥感领域当前面临的重要研究发展方向之一。遥感信息的定量化研究，主要是集中在遥感数据的星上校准、几何纠正、大气校正、数据预处理等方面。这些研究涉及传感器影像成像系统的误差，运载工具轨道参数的影响，影像途经大气层，因辐射、散射、吸收等产生的变形。遥感信息的定量化的另一个值得重视的发展方向，是利用高分辨率的经过纠正的影像（包括更高分辨率的航空影像），对低分辨率的影像进行配准、纠正及融合处理，即遥感影像的相互校正。

著名数字摄影测量学者、中国工程院院士张祖勋教授等人提出了一种先进的遥感影像相互校准的大面元微分纠正算法，在其基础上又提出了小面元微分纠正算法。该算法利用数字摄影测量中影像匹配的研究成果，即影像特征提取与基于松弛法的整体影像匹配，全自动地获取密集同名点对作为控制点，由密集同名点对构成密集三角网（小面元），利用小三角形面元进行微分纠正，实现影像精确配准，之后再进行影像的纠正融合处理，这使遥感影像的配准、纠正与融合技术提高到了新的阶段。

### 8.3.1 实习目的与要求

（1）了解卫星影像配准的过程和意义；
（2）了解卫星影像融合的原理和方法。

### 8.3.2 实习内容

（1）掌握卫星影像配准的操作过程；
（2）掌握卫星影像融合的过程和常用融合方法的参数设置特点。

### 8.3.3 实习指导

在 VirtuoZo 标准版主界面上，单击"工具"→"配准融合"，进入遥感影像配准融合模块 DiFusion，如图 8-17 所示。

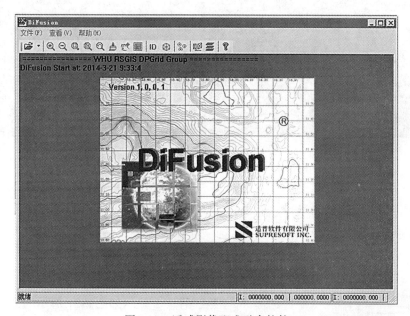

图 8-17　遥感影像配准融合软件

#### 8.3.3.1　打开待融合影像对

通过文件菜单可以打开两张遥感影像，分别是高分辨率的全色影像和多光谱影像，如图 8-18 所示。

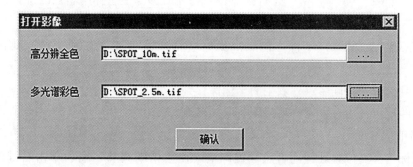

图 8-18　打开高分辨全色影像和多光谱影像

确认打开后，即可打开两张待处理影像，左边为全色高分辨率影像，右边为多光谱影像，如图 8-19 所示。

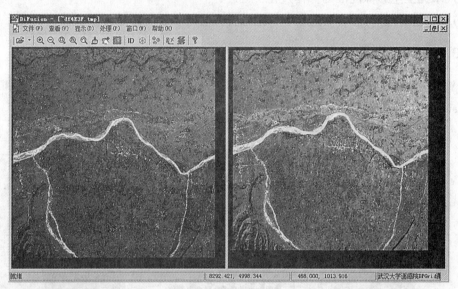

图 8-19    全色高分辨率影像和多光谱影像

#### 8.3.3.2    配准融合处理

选择"处理"菜单项即可进行相关处理，处理流程是先加入或编辑同名点，然后进行配准处理，最后进行融合，处理菜单如图 8-20 所示。

1. 同名点编辑

选择"同名点编辑"，显示如图 8-21 所示的界面。

（1）同名点列表框说明：

①ID：控制点的点号，通常为一个正整数；

②Lift Image x，y：同名点左影像像素坐标；

③Right Image x，y：同名点右影像像素坐标。

（2）按钮说明：

①选择点位：在左右影像上选择同名点的位置；

②删除点：删除同名点列表中选中的同名点；

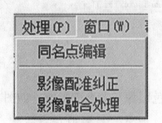

图 8-20    处理功能内容

③载入点坐标：从文件中读入同名点坐标（格式需与"保存到文件"功能保存的一致）；

④保存到文件：将同名点列表中的坐标保存到文件；

⑤自动匹配点：通过影像自动匹配获取同名点。

（3）精细调节说明：

通过鼠标选择点位置进行同名点位置调整。在"精细调节"窗口单击右键弹出菜单如图 8-22 所示。

2. 影像配准纠正

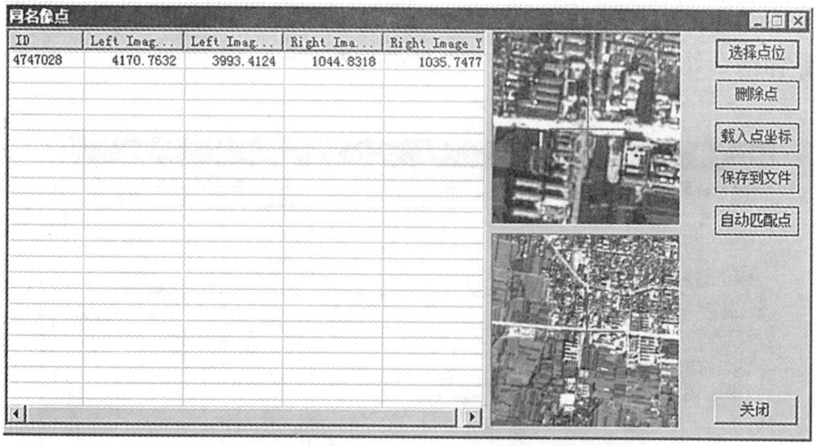

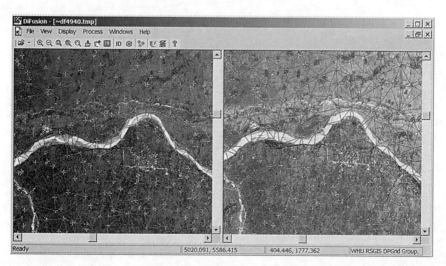

图 8-21　同名点编辑界面

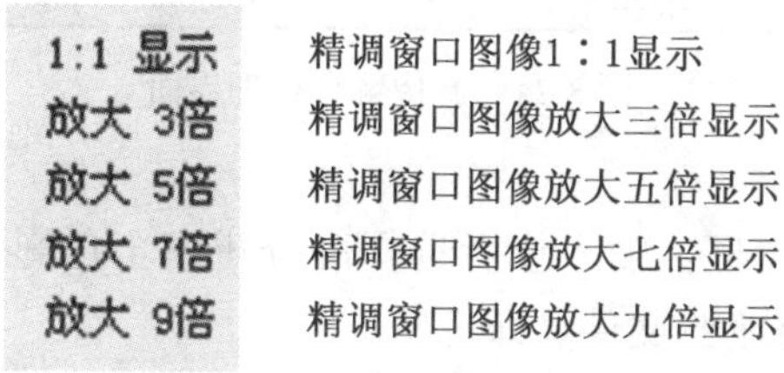

| | |
|---|---|
| **1:1 显示** | 精调窗口图像1：1显示 |
| **放大 3倍** | 精调窗口图像放大三倍显示 |
| **放大 5倍** | 精调窗口图像放大五倍显示 |
| **放大 7倍** | 精调窗口图像放大七倍显示 |
| **放大 9倍** | 精调窗口图像放大九倍显示 |

图 8-22　精细调节右键菜单

　　执行影像配准的操作，必须要有足够的同名点，可在左右影像上显示同名点，以及同名点构的 TIN，方便检查缺点位置，构 TIN 显示结果如图 8-23 所示。影像配准需要指定结果文件存放路径，路径指定后就自动保存结果文件。

图 8-23　同名点构 TIN 显示

3. 影像融合处理

选择"影像融合处理",弹出如图 8-24 所示的界面。

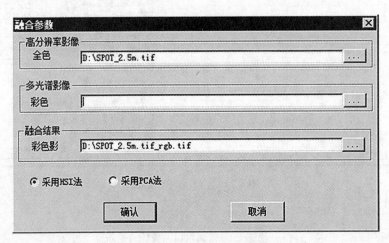

图 8-24　影像融合处理界面

（1）高分辨率影像编辑框：输入或者选择高分辨率全色影像，系统默认选择左影像，如果需要融合其他影像，修改此文件名即可。

（2）多光谱影像：输入或者选择多光谱彩色影像，可以选择与高分辨率全色影像已经配准的多光谱彩色影像。

（3）融合结果：输入或者选择结果影像保存位置。

（4）采用 HSI 法：采用 HSI 融合。

（5）采用 PCA 法：采用 PCA 融合。

# 第9章 质量控制与成果检查

## 9.1 基础知识

质量控制与管理具有很强的实践性和连续性,数字测绘产品也不例外,要切实提高产品质量,除了借鉴传统的成熟经验以外,还必须不断实践、总结,探索测绘行业质量管理与控制的新方法和新思路(王孟杰,2006)。目前,生产部门在质量体系的建立与实施等方面已经做了一些工作,如ISO9000系列标准认证、质量管理体系的制定,质量保障体系的建立,全面质量管理、质量QC小组的建立,工序质量控制、服务质量管理的实现等。在数字测绘产品生产的质量控制方面也提出了具体的质量控制方法和策略,但运用到生产实际中仍需不断完善和探索。

数字测绘产品作为一种全新的产品,其产品质量特性表现在空间位置、属性数据精度、时域、空间数据逻辑一致性、空间数据的完整性及空间数据和地图数据可视化的空间关系正确性等几个方面,它们之间又相互影响;由于空间数据随时间而变化,因此可能会引起空间位置的变化,空间实体属性的变化以及空间数据间拓扑关系的变化;此外,在数字测绘产品检验过程中经常会发现空间数据的不完备性、空间属性数据概念的模糊性和不确定性等问题,所有的这些就造成了空间数据的质量问题(周邦义,2011)。数字测绘产品的特点和多样性决定了产品生产质量控制和管理的多样性、复杂性。如何更科学、合理地进行4D产品的质量控制和质量管理,这些方面的研究将很有意义。

### 9.1.1 4D数字测绘产品的质量控制内容

4D数字测绘产品生产过程中的质量控制流程是数字测绘产品生产流程中的一条主线,从这个角度来说,数字测绘产品生产项目的质量控制包括:

(1)项目总体设计质量目标的质量控制。

(2)原始资料的质量控制,内容包括数据采集前的准备工作及基础资料的质量控制,具体包括:工作底图质量是否满足要求,航摄飞行质量及航测底片质量是否满足规范要求,像控资料是否满足规范或设计要求等。

(3)数据生产过程中的质量控制包括:航片或工作底图扫描质量是否满足要求,数字化生产过程中各环节或工序的精度指标是否满足要求,数据录入的准确性与正确性、影像质量、DEM检测点精度及产品的接边精度等。

(4)数据检查以及数据质量评定等内容。从质量检验的角度来看,数据采集和数据生产过程中的质量控制是最为关键的。数据检查内容主要包括:数学精度、图形或影像质量、属性精度、逻辑一致性、完备性、现势性、图幅之间接边精度、元数据及附件质量等。

### 9.1.2　4D 数字测绘产品的质量控制措施

4D 数字测绘产品的质量控制措施包括（王孟杰，2006）：

（1）完善质量保证体系。

制订质量控制计划，不断完善质量责任制，制订适宜性强、质量目标客观的质量工作计划，明确各部门与各个工序的任务、职责、权限、侧重点，使各项工作系统化、标准化、程序化和制度化。重视数据采集的第一手基础性工作质量。严格控制外业作业质量和外业数据采集质量，航片的飞行质量、像控质量、外业调绘质量等必须严格把关；一些生产管理部门认为数字测绘产品质量的控制重点在于内业把关，只要内业数据质量控制得好，数字测绘产品质量相应的就好。这种观点不一定完全对，内业质量固然重要，但从检验实践中看，在内业生产软件和硬件配置、作业规程、作业员业务水平和熟练程度、相应的质量目标及计划和质量控制策略已形成一定的水平的情况下，内业产品的质量水平一般维持在一定的状态，即使有问题，大体上也是偶然性问题（如生产过程中出现的共性问题等），比较容易弥补。而外业生产造成的质量问题，则难以弥补，或弥补的成本很大，如航摄像片质量不佳，可能会影响到像控精度、加密精度，甚至影响影像匹配效果，造成数字产品质量问题；像控质量差或存在缺陷，可能会影响加密精度，进而影响数字测绘产品的数学精度。外业调绘数据采集要素不够完整或不一致（这一点在图幅接边时测区与测区间经常会出现），对地理信息系统的属性数据的完整性影响很大且难以弥补。

（2）设置恰当的质量控制点，健全检验制度。

"二级检查、一级验收"制度是测绘生产单位多年来一直沿用的质量控制制度，目前也应用于数字测绘产品的质量控制。数字测绘产品作为一种全新的产品，表征其质量的因素很多，不同行业的用户所关心的产品质量侧重点不同，所以还应根据核心要素的内容和各要素的划分来设置适当的质量控制点。从产品生产和质量控制角度来看，目前作业单位过程质量控制重在数学方面的精度指标，只要不超限，就转入下道工序，每幅图的完成经过几道工序，虽然生产单位设有专门的"工序检查"，但是对于一些系统性的问题或共性的问题，无法把握，没有把控制与预防缺陷理论运用到生产过程中去，并没有真正把质量管理从"背后把关"向前拓展到"工序控制"、"过程控制"上去，难以实现由"管因素"、"重预防"而达到更有效的"管结果"的目的。

成果检查与分析就是根据质量控制的原则，分析具体处理过程和处理成果，最终对整个生产环节进行质量评估，并形成质量报告。

## 9.2　航片定向成果分析

航片定向主要包括内定向，单模型相对定向，单模型绝对定向以及空中三角测量。

内定向的目的就是确定扫描坐标系与像片坐标系之间的关系以及数字影像可能存在的变形，内定向过程中软件中提示的残差是求解得到的系数与坐标值的一致性，如果框标位置是正确的，那么这个残差描述的是相机变形的程度。因此，指定框标位置是否正确是至关重要的。无论最终计算的残差是多少，都要先保证指定框标位置的正确性。如果框标位置正确而残差异常大，则应该检查相机参数，包括像素大小、框标坐标等。

单模型相对定向，单模型立体像对的相对定向就是要恢复摄影时相邻两影像摄影光束的相互关系，从而使同名光束对对相交。相对定向需要一定数量的同名点，并且同名点的分布对相对定向的结果有直接的影响。一般情况下，同名点分布越均匀，相对定向精度越高，因此，评价相对定向精度不仅仅要看最终的单位权中误差，而且还要看同名点是否分布均匀。

绝对定向就是确定相对定向模型在地面坐标系中的方位和比例尺。绝对定向主要靠控制点来决定最终精度，为此控制点的量测就显得特别重要。为获取比较好的绝对定向结果，一定要准确地量测控制点的像方位置，千万不能只看绝对定向过程中显示的控制点残差和单位权中误差。

影响空三精度的因素大致分两类：一是直接影响原始观测数据精度的因素，如航摄仪类型（常角、宽角、特宽角）、摄影比例尺、空三作业所使用的量测仪器及摄影材料的稳定性和影像系统误差的改正等；二是影响区域网几何强度的因素，如区域网像控点的精度、数量及其分布、航空摄影覆盖方式、辅助数据（GPS/POS）的运用情况等，因此，空三质量控制主要包括如下内容：

（1）基础数据正确性检查：包括航摄仪参数、控制点、影像信息（航摄比例尺、地面分辨率以及飞行方向）等；

（2）像控点及检查点量测精度检查：包括点位一致性（与像控片进行核对）及高程可靠性；

（3）平差计算过程检查：包括各种限差设置的正确性，权值设置及误差分布的合理性；

（4）定向精度是否满足规范及技术设计要求：包括内定向、相对定向、模型连接、绝对定向及公共点较差；

（5）测图定向点检查：主要指定向点分布是否合理、有无漏洞，点位是否明显等；

（6）接边检查：相邻区域网间公共点数量及接边精度是否满足规范及设计要求；

（7）数据成果及附件质量检查。

### 9.2.1　实习目的与要求

（1）理解影响内定向精度的因素以及避免方法；
（2）理解影响相对定向精度的因素以及避免方法；
（3）理解影响绝对定向精度的因素以及避免方法。

### 9.2.2　实习内容

（1）内定向结果报告及精度分析；
（2）相对定向结果报告及精度分析；
（3）绝对定向结果报告及精度分析。

### 9.2.3　实习指导

航片的定向结果报告在 VirtuoZo 软件中可以直接生成，具体操作为：在 VirtuoZo 主菜单中，选择"工具"→"质量报告"，再分别选择"定向"即可，如果报告中已经有内容，可以在编辑菜单中清除。

定向报告的内容包含了内定向、相对定向、绝对定向等部分，如图 9-1 所示：

（a）质量报告　　　　　　　　　　　（b）相对定向信息

图 9-1　定向报告

（1）内定向报告中列出了中误差、每个框标的残差、定向结果等。

（2）相对定向报告中列出了相对定向中误差、每个同名点的残差等。

（3）绝对定向报告中列出了绝对定向中误差、每个控制点的残差等。

在 VirtuoZo 输出报告的基础上，作业人员需要对原始数据、操作过程等进行分析，以确认本次生产过程是否存在问题等。

## 9.3　DEM 成果分析

对数字高程模型 DEM 格网数据直接检查不直观，因此，需利用数字高程模型的检查软件进行回放、检测。主要检查手段包括：

（1）数字高程模型利用外业实测的高程点数据在 DEM 质检中进行检测求算中误差。

（2）利用数字高程模型反生成的等高线与 DLG 等高线进行叠加检查。

（3）利用通过 DEM 反生成的等高线套合数字正射影像和数字线划图，可更加直观地检测 DEM 所反映的地貌与实地地貌的吻合度。从图 9-2（a）中可以看出，在 DLG 的数据中此处并没有地形突变，因此可以断定此处的 DEM 处出现了飞点，导致若干条等高线的出现。从图 9-2（b）可看到在 DOM 的房子影像上面存在很多等高线，在此处的特征线编辑中，未对房屋进行整体置平，从而出现了等高线的不规则显示。

上述检查充分利用了 DLG 成果与外业的实测数据，对数字高程模型的空间基准与实地精度进行了检查，对于超限的数据重新检查立体影像、修改 DEM。

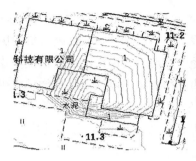

（a）DEM 反生等线叠加 DLG      （b）DEM 反生等高线叠加 DOM

图 9-2　DEM 反生等高线叠加 DLG、DOM

### 9.3.1　实习目的与要求

（1）理解影响 DEM 精度的因素以及避免方法；

（2）通过分析 DEM 成果总结生产体会。

### 9.3.2　实习内容

（3）用 DEM 质量检查工具检查 DEM 精度；

（4）通过分析定向以及生产过程了解 DEM 精度控制的关键因素。

### 9.3.3　实习指导

DEM 成果的精度检查请参考第 4 章 4.5 节进行，此外还可以采用 DEM 数据的三维透视显示、三维晕渲显示、生成对应等高线等方法进行检查。在得到检查结果后，作业人员可进一步分析生产过程中存在的问题。

## 9.4　正射影像成果分析

正射影像质量检查和成果分析主要包括如下内容：

（1）基本参数的检查。包括数据的格式、命名原则、影像分辨率、行数、列数、影像起点定位参数、元数据填写的正确性和完整性、元数据中坐标记录的统一性。

（2）DOM 的接边检查。数字正射影像是由单模型影像拼接成若干区域整体影像裁切而成，对于一个区域内图幅的内部接边处不存在变形误差。因此，接边检查着重检查相邻区域图幅的错位与过渡情况。在 ArcGIS 平台下，叠加所有相关图幅与接边线，放大至合适的屏幕比例，逐屏检视接边吻合程度，有疑问或不当之处，可记录量测误差距离、坐标、截屏保存。

（3）DOM 的图面质量检查。利用图像显示功能或 Photoshop 功能对影像的外扩范围、清晰度、全景色调、色差等方面进行全面检查，检查影像是否清晰易读，色调、色差是否一致，整幅影像色彩是否失真，镶嵌线过渡是否自然，地物是否出现明显的错位、扭曲、重影等情况，图幅整饰数据是否按照规范和要求进行整理等。

（4）DOM 的精度检查。DLG 在 DOM 的数学精度检测中具有极其重要的地位，套合叠加数字地形线划图，在影像图和线划图上寻找同名点，如明显、清晰可辨的房角底部处；在影像上寻找与地形图上对应的清晰可辨的地面上的路灯、电线杆底部；检修井中心；路或田埂交叉处；操场四角、花圃草地等植被清晰边界交叉处；路或线性地物量取线状过该点法线与线状地物交点；桥的两端点或边沿点；其他独立地物中心处，等等（山地特征点稀少，主要选择坎、小路、田埂，大部分仅能量测现状法向偏移量）；并在其位置刺点记录位置信息入库，进行计算统计，以对其数学精度进行评定。

### 9.4.1 实习目的与要求

（1）理解影响正射影像精度的因素以及避免方法；
（2）通过分析正射影像成果总结生产体会。

### 9.4.2 实习内容

（1）用正射影像质量检查工具检查正射影像精度；
（2）通过分析定向以及 DEM 精度了解正射影像精度的影响因素。

### 9.4.3 实习指导

正射影像的精度检查请参考第 5 章第 5.6 节进行，此外还可以通过正射影像数据与 DEM 叠合的三维透视显示、套合 DLG 以及等高线等方法进行检查。在得到检查结果后，作业人员可进一步分析生成中存在的问题。

## 9.5 DLG 数字线划图成果分析

DLG 质量控制应该按照设计中的质量规定以及国家关于《数字测绘成果质量检查与验收》中规定的质量元素进行检验，主要检查项目包括：第一，数学精度。检查数据在转换过程中，实体要素会不会发生移位（点、线、面）、变形（线、面）。第二，丢漏。检查实体要素是否丢漏、拓扑关系是否丢漏。第三，属性精度。检查实体要素的属性在转换前后是否保持一致，包括内容、数据类型、属性值等。数据质量检查的手段包括计算机自动检查、人机交互的计算机辅助检查和人工判别检查：①计算机自动检查，通过软件自动分析和判断结果。如可计算值（属性）的检查、逻辑一致性的检查、值域的检查、各类统计计算等；②计算机辅助检查，通过人机交互检查、筛选并人工分析和判断结果。如检查有向点的方向等；③人工判别检查，不能通过软件检查，只能人工检查。如矢量要素的遗漏、属性值的正确性等。数据生产过程中综合应用上述三种检查手段进行数据质量检查。考虑到计算机辅助检查与人工判别检查都需要人工参与确定错误，将计算机辅助检查与人工判别检查统称为人工检查，即数据质量检查手段分为自动检查和人工检查，质量检查顺序原则上先自动检查再人工检查。人工检查通常采用的方法有：①叠合比较法：这是空间数据正确与否的最佳检核方法，其过程是把转换前数据定位导入 GIS 软件中与格式转换后数据进行比较，不完整和不正确的马上就可以发现。②目视检查法：指在屏幕上利用双屏显示的技术，将入库前后不同格式的数据，分别利用对应的软件（转换前是 CAD 格式，转换后 ArcGIS 格式），采用数据联动的方式，检查一些明显的数据丢漏和转换错误。③逻辑检查法：是根据数据拓扑不完整或属性列表等，检查属性数据的合理性以及正确性等（赵向方，2011）。

### 9.5.1 实习目的与要求

（1）理解影响 DLG 精度的因素以及避免方法；
（2）通过分析 DLG 成果总结生产体会。

### 9.5.2 实习内容

（1）用 DLG 质量检查工具、DLG 入库等检查 DLG 精度和质量；
（2）通过分析定向成果、入库检查报告等了解 DLG 生产中关键步骤和技术。

### 9.5.3 实习指导

利用 Geoway 软件的 dlg-checker 检查模块进行如下检查（王宗权，2012）：

（1）数据完整性检查：数据范围检查、属性完整性检查、属性项正确性检查、图廓角坐标检查、地物类编码检查、图层完整性检查、地物类 0 长度线检查、数据拓扑碎片检查、两面相交检查、面完全重叠检查。

（2）测量控制点层检查（CPTP、CPTL）：控制点重叠检查、控制点属性空值检查、控制点线高程矛盾检查、CPTL 层自相交检查、CPTL 层打折检查、CPTL 层重线检查、CPTL 层端点与顶点悬挂检查、内图廓正确性检查、内图廓属性空值检查、内图廓与图号一致性检查、内图廓及公里网节点个数检查。

（3）水系层检查（HYDP、HYDL、HYDA、HFCP、HFCL、HFCA）：HYDP、HFCP 层重叠点检查，水系线自相交检查，水系及附属线打折检查，HYDA、HYDL、HFCL、HFCA 层重线检查，水系及水系附属端点与顶点悬挂检查，水系线及水系附属伪节点检查，水系标识点检查，水系面悬挂线检查，HYDA、HFCA 层标识点与边线一致性检查，点状水系交汇处存在性检查，面状拦水坝包含线状检查，单线河流向检查，单线河曲矛盾检查，水系点落入面检查，两线相交处存在地物检查，水系线穿越房屋面检查，涵洞线与水不重线检查，依比干堤与辅助线不重线检查，干沟线与辅助线重线检查，两面相接处不存在地物检查，沟渠流向点不落入渠线检查，河流流向点落入河流线检查，瀑布点不落入一般堤线检查，曲线线穿越水面，面状水系小于指标检查，瀑布比高点属性空值检查，HYDL、HYDA 层时令河属性空值检查，河湖、沙洲、暗滩、水中滩属性空值检查，HFCP 层属性空值检查，HFCL、HFCA 层属性空值检查，HYDP 层属性空值检查，井和泉地面高程矛盾检查。

（4）道路层检查（LFCP、LFCL、LFCA、LRDL、LRRL）：道路重叠点检查、道路线自相交检查、道路线打折检查、道路及道路附属重线检查、道路线端点与顶点悬挂检查、LFCA 层面悬挂线检查、道路伪节点检查、LFCA 层标识点检查、面状桥包含线状桥检查、道路附属点落入道路附属面检查、道路交汇点检查、点桥点不落入道路线检查、道路线虚交检查、面状桥宽度检查、道路线落入水面检查、桥线不落入道路线检查、公路及铁路穿越房

163

屋面检查、桥长度检查、里程碑属性空值检查、山隘点高程矛盾检查。

（5）居民地层检查（RESP、RESL、RESA、RFCP、RFCL、RFCA、AANP、AGNP）：居民地点重叠检查，房屋线及房屋面打折检查，房屋自相交检查，RESA、RFCA、RFCL层重线检查，房屋端点与顶点悬挂检查，房屋面伪节点检查，房屋及附属面标识点检查，房屋及附属面悬挂线检查，房屋面对象直角化检查，房屋线长度检查，独立点房屋落入面状房屋检查，房屋线落入房屋面检查，线房穿越房屋面检查，房屋标识点与边线一致性检查，RFCA层标识点与边线一致性检查，RFCP、RFCA、RFCL层属性空值检查，注记点重叠检查，注记属性空值检查。

（6）植被层检查（VEGP、VEGL、VEGA）：植被点重叠检查、植被线自相交检查、植被线打折检查、植被线重线检查、植被线端点与顶点悬挂检查、植被伪节点检查、植被标识点检查、植被面悬挂线检查、植被面小于指标检查、VEGA层属性空值检查、VEGP层属性空值检查、地类界与辅助线不重合检查。

（7）地貌层检查（TERP、TERL、TERA）：高程点重叠检查，地貌线自相交检查，地貌线及地貌面边线打折检查，地貌线重线检查，地貌端点与顶点悬挂检查，地貌线伪节点检查，TERA层标识点检查，TERA面悬挂线检查，高程点线矛盾检查，等高线与坎正确性检查，比高点不落入坎线检查，等高线高程正确性检查，高程点落入面检查，地貌比高点属性空值检查，土堆属性空值检查，TERP、TERA、TERL层属性空值检查。

（8）管线层检查（PIPP、PIPL）：管线重叠点检查、管线自相交检查、管线线打折检查、管线重线检查、管线端点与顶点悬挂检查、管线伪节点检查、电力线属性空值检查。

（9）境界层检查（BOUP、BOUL、BOUA、BRGP、BRGL、BRGA）：界桩重叠点检查、境界线自相交检查、境界线打折检查、境界线重线检查、境界线端点与顶点悬挂检查、境界线伪节点检查、境界面标识点检查、境界面悬挂线检查、境界点不落入境界线检查、境界线与境界面辅助线不重线检查、境界层属性空值检查、境界层内容为空检查。

（10）接边检查：图幅内接边检查、图幅间接边检查。

（11）元数据检查：主要项实现自动化检查。

（12）其他人检查：检查图内更新比较大与参考资料无法挂接的内容，检查一种要素与其他多种要素有关系的内容（如境界与线状要素及地貌要素都关系等），以及其他人为检查比用程序自动检查更方便的内容。

# 附录1 4D生产综合实习教案

## 4D产品生产实习教案

### 一、实习的意义与目的

本次实习基于全数字摄影测量系统 VirtuoZo 平台，制作数字高程模型、数字正射影像、数字线划图等数字产品。通过对 VirtuoZo 的应用实习，熟悉该系统的基本功能及操作特点，掌握 4D 产品的制作过程。

本次实习为毕业前的生产实习，须按 4D 产品的生产规范要求进行。通过实习，应熟悉 4D 产品的生产规范并能提交符合要求的 4D 产品成果。

### 二、实习要求

（1）实习前应认真阅读实习指导书。

（2）每位同学必须在自己创建的测区目录下操作实习。

（3）遵守实习课的作息时间，不得无故迟到、早退、旷课。

（4）按要求提交实习成果，撰写实习报告，不得相互抄袭。（注：实习报告应根据课本上的理论知识联系所做的实习，按自己的理解来叙述。）

（5）指导老师根据学生的实习成果、实习报告及考勤情况给予成绩评定。（评分标准：实习成果50%，实习报告30%和平时成绩20%。）

### 三、实习内容安排

1. 实习内容

（1）结合实际生产应用，利用数字摄影测量工作站 VirtuoZo，对指定区域生成数字高程模型（DEM），按立体模型为单位进行定向，并进行质量检查与修正，制作符合实际生产规范要求的 DEM。

（2）利用制作的 DEM，进行数字微分纠正，生成指定区域的数字正射影像（DOM）。按图幅要求输出规范的 DOM。

（3）完成一幅数字线划地图（DLG）的数据采集与编辑。

（4）去实际生产单位，由专业的数据生产人员进行指导，了解真实的数据生产情况。

2. 实习形式与时间安排

实习采用集中实习的形式，利用数字摄影测量系统 VirtuoZo 等软件完成实习。实习时间安排 21 次，具体安排如下：

| 第 1 次 | 学习 4D 产品生产的综合知识、数据准备 |
|---|---|
| 第 2 次 | ①学习 VirtuoZo 摄影测量系统；<br>②Hammer 测区数据准备：参数录入；<br>③模型定向：内定向、相对定向、绝对定向、核线影像生成 |
| 第 3 次 | Hammer 测区 4 个模型的影像匹配及匹配后的编辑 |
| 第 4、5、6 次 | ①产品生成（DEM、DOM、等高线）；<br>②拼接与镶嵌 |
| 第 7 次 | 生成图廓，上交 4 个模型的定向及 DEM、DOM 成果 |
| 第 8 次 | DRG 实习 |
| 第 9 次 | 特征点、线的数据采集练习 |
| 第 10 次 | 等高线数据采集练习 |
| 第 11 次 | 地物数据采集练习 |
| 第 12 次 | 练习成果检查，问题总结 |
| 第 13、14 次 | ①咸宁测区资料准备（测区恢复）；<br>②特征点、线的数据采集，构建三角网内插 DEM |
| 第 15、16、17 次 | 地貌数据采集：等高线、田坎等 |
| 第 18、19、20 次 | 地物数据采集：居民地、交通及附属设施、管线及附属设施等 |
| 第 21 次 | ①成果检查、上交 DLG（请湖北省测绘局的老师检查）；<br>②整理实习报告资料、撰写实习报告 |

## 四、成绩考核内容和考核方法

实习成绩考核的内容包括实习过程中的学习态度、考勤和实习成果（指导老师现场评定成绩）、实习报告等，考核方法百分制进行评定。

## 五、教材

《数字摄影测量 4D 生产综合实习教程》、《VirtuoZo 操作手册》电子版

## 六、参考书目

[1] 张祖勋，张剑清. 数字摄影测量学(第二版)[M]. 武汉：武汉大学出版社，2012.
[2] 张剑清，潘励，等. 摄影测量学(第二版)[M]. 武汉：武汉大学出版社，2009.
[3] 贾永红. 数字图像处理(第二版)[M]. 武汉：武汉大学出版社，2010.

# 附录 2　4D 生产综合实习教学日历

## 4D 产品生产实习教学日历

### （2013. 3. 17—4. 6）

### 一、实习班级与人数

班级：2009 级摄影测量专业

人数：09021 班 35 人；09022 班 35 人；09023 班 32 人

### 二、实习时间

第 4~6 周 数字摄影测量实习(2013. 3. 17~4. 6)

上午 8：00~12：00 （21 班）⎫

下午 2：00~6：00 （22 班）⎬　325 机房

晚上 6：00~10：00 （23 班）⎭

### 三、时间安排

| 天次 | 时间 | 地点 | 内容 | 班级 |
|---|---|---|---|---|
| 1 | 周一上午 8：00~12：00（3 月 17 日） | 五栋 325 室 | ①学习 4D 产品生产的综合知识、数据准备；②学习 VirtuoZo 摄影测量系统 | 09021 |
| | 周一下午 2：00~6：00（3 月 17 日） | | | 09022 |
| | 周一晚上 6：00~10：00（3 月 17 日） | | | 09023 |
| 2 | 周二上午 8：00~12：00（3 月 18 日） | 五栋 325 室 | ①Hammer 测区数据准备：参数录入；②模型定向：内定向、相对定向、绝对定向、核线影像生成； | 09021 |
| | 周二下午 2：00~6：00（3 月 18 日） | | | 09022 |
| | 周二晚上 6：00~10：00（3 月 18 日） | | | 09023 |

| 天次 | 时间 | 地点 | 内容 | 班级 |
|---|---|---|---|---|
| 3 | 周三上午 8:00～12:00<br>(3月19日) | 五栋325室 | Hammer 测区 4 个模型的影像匹配及匹配后的立体编辑 | 09021 |
| | 周三下午 2:00～6:00<br>(3月19日) | | | 09022 |
| | 周三晚上 6:00～10:00<br>(3月19日) | | | 09023 |
| 4 | 周四上午 8:00～12:00<br>(3月20日) | 五栋325室 | Hammer 测区 4 个模型的影像匹配及匹配后的编辑 | 09021 |
| | 周四下午 2:00～6:00<br>(3月20日) | | | 09022 |
| | 周四晚上 6:00～10:00<br>(3月20日) | | | 09023 |
| 5 | 周五上午 8:00～12:00<br>(3月21日) | 五栋325室 | ①Hammer 测区 4 个模型的产品生成（DEM、DOM、等高线）；<br>②Hammer 测区 4 个模型的拼接与镶嵌 | 09021 |
| | 周五下午 2:00～6:00<br>(3月21日) | | | 09022 |
| | 周五晚上 6:00～10:00<br>(3月21日) | | | 09023 |
| 6 | 周六上午 8:00～12:00<br>(3月22日) | 五栋325室 | 生成图廓、上交 Hammer 测区 4 个模型的定向、DEM、DOM 成果 | 09021 |
| | 周六下午 2:00～6:00<br>(3月22日) | | | 09022 |
| | 周六晚上 6:00～10:00<br>(3月22日) | | | 09023 |
| 7 | 周日上午 8:00～12:00<br>(3月23日) | 五栋325室 | DRG 实习：地图纠正、DRG 生产（栅格化） | 09021 |
| | 周日下午 2:00～6:00<br>(3月23日) | | | 09022 |
| | 周日晚上 6:00～10:00<br>(3月23日) | | | 09023 |
| 8 | 周一上午 8:00～12:00<br>(3月24日) | 五栋325室 | 参观湖北省测绘局，实地学习作业环境和作业流程 | 09021 |
| | 周一下午 2:00～6:00<br>(3月24日) | | | 09022 |
| | 周一晚上 6:00～10:00<br>(3月24日) | | | 09023 |
| 9 | 周二上午 8:00～12:00<br>(3月25日) | 五栋325室 | ①特征点、线的数据采集练习；<br>②高程点采集练习（每个模型格网间隔为 10 米） | 09021 |
| | 周二下午 2:00～6:00<br>(3月25日) | | | 09022 |
| | 周二晚上 6:00～10:00<br>(3月25日) | | | 09023 |

| 天次 | 时间 | 地点 | 内容 | 班级 |
|---|---|---|---|---|
| 10 | 周三上午 8:00~12:00（3月26日） | 五栋325室 | 等高线数据采集练习（等高线间隔为20米） | 09021 |
|  | 周三下午 2:00~6:00（3月26日） |  |  | 09022 |
|  | 周三晚上 6:00~10:00（3月26日） |  |  | 09023 |
| 11 | 周四上午 8:00~12:00（3月27日） | 五栋325室 | 地物数据采集练习（居民地、交通及附属设施、管线及附属设施） | 09021 |
|  | 周四下午 2:00~6:00（3月27日） |  |  | 09022 |
|  | 周四晚上 6:00~10:00（3月27日） |  |  | 09023 |
| 12 | 周五上午 8:00~12:00（3月28日） | 五栋325室 | 练习成果检查，问题总结 | 09021 |
|  | 周五下午 2:00~6:00（3月28日） |  |  | 09022 |
|  | 周五晚上 6:00~10:00（3月28日） |  |  | 09023 |
| 13 | 周六上午 8:00~12:00（3月29日） | 五栋325室 | ①咸宁测区资料准备；②特征点、线的数据采集，构建三角网内插DEM | 09021 |
|  | 周六下午 2:00~6:00（3月29日） |  |  | 09022 |
|  | 周六晚上 6:00~10:00（3月29日） |  |  | 09023 |
| 14 | 周日上午 8:00~12:00（3月30日） | 五栋325室 | 地物数据采集：居民地、交通及附属设施、管线及附属设施等 | 09021 |
|  | 周日下午 2:00~6:00（3月30日） |  |  | 09022 |
|  | 周日晚上 6:00~10:00（3月30日） |  |  | 09023 |
| 15 | 周一上午 8:00~12:00（3月31日） | 五栋325室 | 地物数据采集：居民地、交通及附属设施、管线及附属设施等 | 09021 |
|  | 周一下午 2:00~6:00（3月31日） |  |  | 09022 |
|  | 周一晚上 6:00~10:00（3月31日） |  |  | 09023 |
| 16 | 周二上午 8:00~12:00（4月1日） | 五栋325室 | 地物数据采集：居民地、交通及附属设施、管线及附属设施等 | 09021 |
|  | 周二下午 2:00~6:00（4月1日） |  |  | 09022 |
|  | 周二晚上 6:00~10:00（4月1日） |  |  | 09023 |

| 天次 | 时间 | 地点 | 内容 | 班级 |
|---|---|---|---|---|
| 17 | 周三上午 8:00~12:00<br>(4月2日) | 五栋325室 | 地貌数据采集：等高线、田坎等 | 09021 |
| | 周三下午 2:00~6:00<br>(4月2日) | | | 09022 |
| | 周三晚上 6:00~10:00<br>(4月2日) | | | 09023 |
| 18 | 周四上午 8:00~12:00<br>(4月3日) | 五栋325室 | 地貌数据采集：等高线、田坎等 | 09021 |
| | 周四下午 2:00~6:00<br>(4月3日) | | | 09022 |
| | 周四晚上 6:00~10:00<br>(4月3日) | | | 09023 |
| 19 | 周五上午 8:00~12:00<br>(4月4日) | 五栋325室 | 地貌数据采集：等高线、田坎等 | 09021 |
| | 周五下午 2:00~6:00<br>(4月4日) | | | 09022 |
| | 周五晚上 6:00~10:00<br>(4月4日) | | | 09023 |
| 20 | 周六上午 8:00~12:00<br>(4月5日) | 五栋325室 | 成果检查、上交DLG（湖北省测绘局派人检查） | 09021 |
| | 周六下午 2:00~6:00<br>(4月5日) | | | 09022 |
| | 周六晚上 6:00~10:00<br>(4月5日) | | | 09023 |
| 21 | 周日上午 8:00~12:00<br>(4月6日) | 五栋325室 | 整理实习报告资料，撰写实习报告 | 09021 |
| | 周日下午 2:00~6:00<br>(4月6日) | | | 09022 |
| | 周日晚上 6:00~10:00<br>(4月6日) | | | 09023 |

# 附录3　4D生产实习报告实例

## 4D产品生产综合实习
## 实习报告

学　　　院：　遥感信息工程学院

班　　　级：　10021班

学　　　号：　201030259×××

姓　　　名：　×××

实习地点：　4D数据处理中心、湖北省测绘局

指导教师：　段延松

2014年3月9日

# 目　录

# 一、实习目的

本次实习是对大学本科四年所学专业知识的一次综合应用，是将理论知识与实际生产相结合的过程。通过实习全面了解 4D 产品的生产规范，实际上机动手实践操作，并生产出符合规范要求的 4D 产品成果。

本次实习基于全数字摄影测量系统 VirtuoZo 软件平台，制作数字高程模型 DEM、数字正射影像 DOM、数字线划图 DLG 等数字产品。通过对 VirtuoZo 的应用实习，熟悉摄影测量系统的基本功能及操作特点，最终掌握 4D 产品制作过程。

# 二、实习内容

## 1. 生产概述

### 4D 的定义 [1][2][3][4]

4D 产品为四种数字测绘产品（DEM、DOM、DLG、DRG）的统称，是我国空间数据基础设施的框架数据。具体分别为数字高程模型 DEM（Digital Elevation Model）、数字正射影像图 DOM（Digital Orthophoto Map）、数字线划地图 DLG（Digital Line Graphic）和数字栅格地图 DRG（Digital Raster Graphic）。

数字高程模型 DEM 是描述地表起伏形态特征的空间数据模型，由地面规则格网点的高程值构成的矩阵，形成栅格结构数据集。DEM 是区域地形的数字表示，为数字地形模型 DTM（Digital Terrain Model）的一个分支。DEM 有多种表现形式，主要分为规则格网 GRID 和不规则三角网 TIN 两种。

数字正射影像图 DOM 是利用 DEM 对扫描处理的数字化的航空航天像片，经数字微分纠正、影像镶嵌，根据图幅范围剪裁生成的数字正射影像数据集。它是同时具有地图几何精度和影像特征的图像，还有精度高、信息丰富、直观逼真、获取快捷等优点。

数字线划地图 DLG 是地形图上现有核心要素信息的矢量格式数据集。其内容包括行政界线、地名、水系及水利设施工程、交通网和地图数学基础。分别采用点、线、面描述各要素几何特征和空间关系，并保存相关的属性信息以全面地描述地表目标，可分成若干数据层，能满足地理信息分析要求。

数字栅格地图 DRG 是对现有纸质地形图经计算机扫描和处理形成的栅格数据集，是模拟产品向数字产品过渡的中间产品。每幅扫描图像经几何纠正、色彩校正，保证其色彩基本一致；并进行了数据压缩处理，有效使用存储空间。数字栅格地图在内容、几何精度和色彩上与国家基本比例尺地形图保持一致，一般用作背景参照图像，与其他空间信息相关。

### 4D 产品生产 [5]

数字高程模型 DEM 的生产方法主要有地面测量法、现有地图数字化法、GPS 采集法和摄影测量法等。其中主要是用数字摄影测量方法，这是目前 DEM 数据采集最常用最有效的方法之一。数字摄影测量方法利用附有自动记录装置的立体测图仪或立体坐标仪、解析测图仪及数字摄影测量系统，进行人工、半自动或全自动的量测来获取数据。

数字正射影像图 DOM 的制作可按影像类型进行划分，对于航空像片，利用全数字摄影测量系统，恢复航摄时的摄影姿态，建立立体模型，在系统中对 DEM 进行检测、编辑和生成，最后制作出精度较高的 DOM；对于卫星影像数据，则可利用已有的 DEM 数据，通过单片数字微分纠正生成 DOM 数据。

数字线划地图 DLG 的生产方法有平板仪测量、全野外数字测量、GPS 测量、地图数字化和摄影测量，目前应用较多的是摄影测量采集，摄影测量经历了模拟摄影测量和解析摄影测量阶段，现已进入数字摄影测量阶段。

数字栅格地图 DRG 通过一张纸质或其他质地的模拟地形图，由扫描仪扫描生成二维阵列影像，同时对每一系统的灰度或分色进行量化，再经二值化处理、图形定向、几何校正即形成一幅数字栅格地图，需做图形扫描、图幅定向、几何校正、色彩纠正等四个步骤。

长期以来，摄影测量在基本比例尺测图生产中占据着非常重要的位置，特别是发展到今天的数字摄影测量阶段，摄影测量以其高效快速、生成数据产品齐全而发挥着其他测量手段无法比拟的作用。

**4D 产品应用**[1][5]

4D 产品作为国家基础地理空间框架数据的主产品形式，已经被相关行业所确认，并制定了相应的国家空间数据交换标准。该产品将逐步替换传统的纸质线划地形图，可广泛应用于农业发展和耕地保护、精细农业、防灾减灾、城乡建设和环境保护、重大基础建设工程、林业防护、交通指挥、土地规划利用和国土资源勘察等领域。

数字高程模型 DEM 的应用十分广泛，在测绘上可用于绘制等高线、坡度坡向图、立体透视图等图解产品，生成正射影像、立体景观图、立体地图修测和地图的修测等地图产品；在工程项目中，可用于计算面积、体积，制作各种剖面图和进行路线的设计；在军事上，可用于飞行体的导航、通信、战略计划等；在环境与规划方面，可用于土地利用现状分析、规划设计和水灾险情预测等。

数字正射影像图 DOM 可用作背景控制信息，评价其他数据的精度、现实性和完整性。在城市规划管理中广泛应用于城市规划设计、交通规划设计、城市绿化覆盖率调查、城市建成区发展调查、风景名胜区规划、城市发展与生态环境调查、可持续发展研究等诸多方面，并取得了显著的社会与经济效益。

数字线划地图 DLG 作为矢量数据集，能满足各种空间分析要求，可随机地进行数据选取和显示，与其他信息叠加，主要供地理信息系统作空间检索、空间分析之用。其中，部分地形核心要素可作为数字正射影像地形图中的线划地形要素。

数字栅格地图 DRG 可作为背景用于数据参照或修测其他地理相关信息，应用于数字线划图的数据采集、评价和更新，还可与 DOM、DEM 等数据集成使用，派生出新的可视信息，从而提取、更新地图数据，绘制纸质地图和用做新的地图归档形式。

**主要参考文献**

[1] 钟美，徐德军，杨国东．4D 产品质量的模糊综合评价［J］．四川测绘，2005，28（3）：109-113.

[2] 国家测绘局网站，http：//www.sbsm.gov.cn/article/chkj/chkp/szzg/

[3] 周航宇，刘杰锋，朱道璋．鄱阳湖数字 4D 产品生产与应用［J］．江西水利科技，2008，34（002）：108-111.

[4] 张琳．浅谈 4D 的生产及质量控制［J］．内蒙古电大学刊，2008（008）：61-62.

[5] 殷年．4D 产品与 GIS 应用［J］．安徽地质，2002，3：012.

## 2. 参观实习

### ● 主要内容

参观实习主要是了解实际生产过程中 4D 产品的制作流程。实习可分为两部分，一是了解湖北省测绘局航测院的基本情况，二是实践操作 DLG 产品的作业实习，进行数据采集和编辑。

第一次实习为集体实习，我们首先在会议室听了相关的介绍，工作人员从航测院业务介绍到 4D 产品生产流程，再到目前项目状况，都详细地讲解了一番，并认真回答了我们的问题；随后参观了航测院的精测室，试用了立体眼镜和手轮脚盘，并初步认识了他们的工作环境。

第二次实习是分组实习，各小组自行去测绘局进行 DLG 采集和编辑实习。首先由指导老师对作业区域、作业要求和有关注意事项进行了细致的讲解，并进行了操作示范；然后是个人上机操作，采集完特定区域的地物类别后，由指导老师进行检查，并提出建议。

### ● 实习感想

（1）参观实习

通过测绘局有关工作人员的介绍和基本讲解，我们对航测生产应用和行业项目有了一定的了解和认识，从而拓宽了我们对行业的认知，也更了解了行业实际现状。而且经过实地体验和介绍说明，我们对各部门的实际工作和职责范围有了更明确的认识，同时与工作人员的交流，也让我们对未来的测绘行业工作，有了一个更为具体而清晰的印象。

在参观过程中，令我吃惊的是手轮和脚盘的广泛使用。一直以来，我认定它们是很古老的仪器设备，老师们也提过它们被淘汰的事实。但在一番演示之后，我们也明显感受到了手轮脚盘在采集数据时的明显优越性。工作人员也将其和鼠标进行多方面比较，令我们深深认识到实际生产过程中，仪器操作对于精度的重要影响。

当然，我们也感觉到了这类工作十分繁琐和困难，要达到一定的精度必然需要熟练准确的操作技术。当我们问及工作经验和技巧时，工作人员直言要多训练多锻炼，一切熟能生巧，大家最后都能做到的。

（2）采集实践

这次实际操作采集 DLG 数据的经验，加上同学的实时纠正参考和指导老师的详细指导，我的立体观测技术水平有了很大的提高，并学到了很多操作技巧，收获超过了我的预期。指导老师的耐心和负责，也给我们留下了很好的印象。

测绘局的仪器设备较好，立体感更强，软件更人性化，功能十分完善，操作起来得心应手。手轮脚盘的操作，虽然比较古老，但却是目前实际生产中经常采用的作业方式，据说其精度最高。之前觉得这是难以理解的事，但经过这一次实际操作实习，觉得确实如此。不过，此次实习的人工工作量实在太大了，在精度要求高的时候，其工作强度就更大了，我一想到测绘行业的很多产品，都是这样一点一点生产出来的，不由得对测绘工作者肃然起敬。

同时相较于指导老师们的熟练，我真的理解了熟能生巧这个成语。确实是需要不断的练习和修正，才能真的完全掌握作业过程。虽然未来我们可能不会都从事这方面的工作，但是为得到对行业生产的全局理解，这些基础的作业还是很有必要了解的。

工作人员十分有耐心地回答了我们的问题，工作心态都很平和也很端正，这是我预先没有想到的。当我们为一点的返工重做抱怨时，如果能想一下他们的工作态度，我们可能就不会有这么多的怨言了。有时候我们真的要平心静气，经得住各种过程，耐得住各种考验，不断提高自己的专业技能，才能真的学有所成。

## 3. 生产流程

### ● 总体流程图

本次实习使用全数字摄影测量工作站生产，基于 VirtuoZo 软件平台程序，其总体生产流程如图 1 所示：

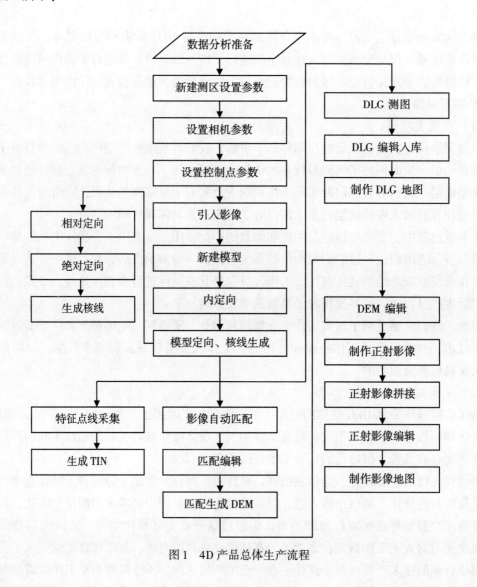

图 1　4D 产品总体生产流程

### ● 具体操作

①建立测区：输入测区的相应参数（给出测区路径及测区名称、控制点文件路径及文

件名、加密点文件路径及文件名、相机参数文件路径及文件名等);

②引入扫描影像:将扫描后的影像转化为 VZ 格式的影像数据;

③建立控制点文件:将该测区已知的地面控制点坐标输入相应的控制点文件中;

④建立相机参数文件:将相机参数输入相应的文件中保存;

⑤单模型处理:新建模型,左右影像内定向、模型相对定向、绝对定向、生成核线影像;

⑥影像匹配及匹配结果的编辑;

⑦生成 DEM、单模型正射影像 (DOM)、等高线影像及叠合影像;

⑧数字测图,采集 DLG 数据;

⑨多模型拼接及成果输出;

⑩按图幅范围拼接 DEM、输出拼接 (或裁切) 后的成果;

⑪按图幅范围拼接正射影像 (DOM)、输出拼接 (或裁切) 后的成果;

⑫采集矢量数据 (DLG)、检查 DLG、输出 DLG 地图;

## 4. DEM & DOM 生产

● 实习操作

DEM 生产

模型定向:创建新测区和模型→内定向→自动相对定向→绝对定向;

匹配编辑:生成核线影像→影像匹配→匹配结果编辑→单模型 DEM→DEM 编辑;

DEM 拼接:设置拼接参数→DEM 拼接→拼接精度检查。

DOM 生产

DOM 拼接:生成单模型正射影像→编辑拼接线→影像拼接→影像编辑;

影像地图:设置图幅图廓参数→生成正射影像地图→地图显示。

● 测区数据

Hammer 数据

测区分析:Hammer 测区为一矿区,一半较平缓,分布着工业区和居民区,覆盖着一定的植被;一半是环形山地,植被较少,有明显的盘山公路,山势较陡。

资料分析:扫描影像像素大小为 0.0445mm,摄影比例尺为 1:15000,有 2 条航带,每条航带 3 张航片,总共 6 张航片,重叠度为 60%,航片的清晰度较好。

Color 数据

测区分析:Color 测区为丘陵山区,覆盖植被较多,山体比较平缓。

资料分析:扫描影像像素大小为 0.1mm,摄影比例尺为 1:15000,有 1 条航带,共 2 张像片组成单模型,重叠度为 60%,航片的清晰度较好。

● 生产分析

精度,对两个测区生产 DEM & DOM 产品精度见表 1、表 2:

表 1            **Hammer 数据具体定向精度**

| 精度项目 | 模型名称 | 156155 | 157156 | 164165 | 165166 |
|---|---|---|---|---|---|
| 内定向 | 左 Mx,My | 0.001,0.002 | 0.002,0.001 | 0.002,0.001 | 0.001,0.001 |
| | 右 Mx,My | 0.001,0.001 | 0.001,0.002 | 0.001,0.001 | 0.001,0.001 |
| 相对定向 Mq | | 0.006 | 0.006 | 0.007 | 0.006 |
| 绝对定向 Mxy,Mz | | 0.164,0.184 | 0.276,0.165 | 0.182,0.136 | 0.216,0.166 |

表 2            **DEM & DOM 生产数据精度**

| 项目 | 数据 生产要求 | Hammer 数据 | Color 数据 |
|---|---|---|---|
| 内定向 | Mxy<0.005mm | 0.002,0.001 | 0.003,0.003 |
| 相对定向 | 各点 Mxy<0.020mm；<br>总体 Mxy<0.010mm； | 0.006 | 0.01 |
| 绝对定向 | 各点 Mxyz<0.3m；<br>总体 Mxyz<0.3mm； | 0.210,0.162 | 0.352,0.188 |
| DEM 检查 | Mch<1m | 0.918 | 2.701 |
| DEM 拼接 | Mch<2.0m；<br>3σ<1% | 1.73<br>0.918% | 无 |
| DOM 精度 | 未知 | DX=0.686,DY=0.467,<br>DXY=0.830 | 无 |

Hammer 数据处理是此次实习的重点内容，也实现了比较完整的作业流程，并得到了多样化的产品，如 DEM、TIN、DOM 等产品。Hammer 测区影像清晰，定向实现容易，但由于测区部分地形变化较大，DEM 编辑还是存在一定的难度。

而通过以上表格可知，Hammer 数据总体精度很好，各项精度皆符合要求。只有 DEM 检查没能达到 0.5m 的要求，可能是在拼接的陡坎区域，还是存在不一致。DEM 拼接精度也还有待提高，要对主要影响区域再作修正。

Color 数据为练习数据，单模型数据处理较为简单，但是由于影像本身质量原因，相比 Hammer 数据，影像处理较为困难，各项精度相对较低。

定向过程中，因测标不够清晰且比对不好，内定向对准困难，难以达到精度要求，部分十字未完全对合其中心；直接相对定向过程，也存在很多误差较大的匹配点；绝对定向更是难以调整，已知标定点难定位和配对，只能上下微调。

DEM 编辑对明显错误区域进行了平滑等简单处理，因高程变化不明显，未经过特征线编辑，结果导致检查精度不高，有待提升。

● 生产成果

两个测区的 DEM & DOM 成果图见图 2：

| | Hammer 测区 | Color 测区 |
|---|---|---|
| DEM 透视图 | | |
| 景观图 | | |
| 影像地图 | | |

图 2 DEM & DOM 成果图

### 5. DLG 生产

- **实习操作**

①新建测图文件，加载相关立体模型；

②确定采集地物，进行立体观测，分层编辑地物；

③滚轮调高程模式，采集各类地物；物方测图模式，采集等高线。

0506 练习作业：0506 数据为城市边郊地带，地物类型丰富，对此进行数据初步采集练习。通过对不同地物的采集，初步掌握了各种绘制工具、采集编辑和图层控制等操作，并绘制了一定范围内的典型地物。但是立体观测还是不确定，对地物鼠标贴合程度还是没有比较好的把握，只好反复上下试探。但房屋咬合部分没有完全实现，存在重叠错位现象。

咸宁测区生产：咸宁测区的影像数据为 jpg 格式直接导入已经完成定向成果，可直接建立模型和测区，比较简便。我们班所分的测区内地物类型众多，有山体起伏，需绘制较多等高线；且房屋分布密集，形式较为多样化，林地耕地类型也要标以边界。测区内主要采集地物包括房屋、交通、植被、耕地、水域等，以及其他独立地物，而地貌则包含等高线、陡坎等的采集，其中等高线采集最消耗精力。咸宁测区采集比较完善，大致地物类别都进行了采集和标注，就是角落部分有些观测不到，只好空下了。

- **生产成果**

两测区的 DLG 成果图如图 3 所示：

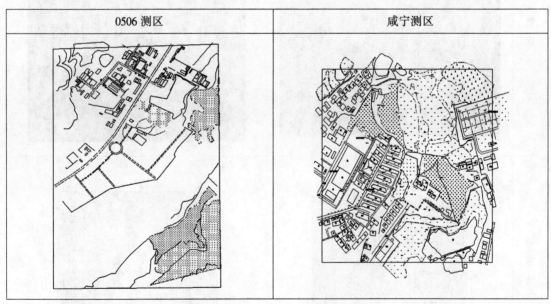

| 0506 测区 | 咸宁测区 |
| --- | --- |

图 3　DLG 成果图


# 三、实 习 体 会

## 1. 收获与提高

这次 4D 生产实习，历时三周，通过参观实习和实践操作，无论是从操作技能还是行业理解上，我都有很多收获。

- **操作技能**

本次实习，最大的收获就是了解了 4D 生产流程，并实践了有关具体操作。

各种定向操作在之前的摄影测量课程实习已经训练过，还算轻车熟路，只是要注意精度限制，反复调整直至实现精度目标。咸宁测区的影像数据直接建立模型和测区，不必进行定向，但我不太知道其原理，大概是用已经写好的定向文件进行替换，但相对定向过程还是需要干预一下，删减误差过大的点。

DEM 编辑确实花费了大量心思，却总是达不到精度要求，我只好慢慢修改，先把明显区域逐一修改。最后按照老师的提示，着力修改陡坎部分，并绘制特征线进行拟合替换。在同学的指导下，总算符合要求了。通过学习各种编辑方法，从初步进阶，逐渐掌握编辑的要点，并且发现了最有效的方法——绘制特征线，整个过程虽然有很多插曲，但是能一点点进步，看着精度慢慢提高，我就很有成就感。DOM 制作稍显简略，只是简单地编辑了拼接线，并进行了部分影像替换和匀光匀色，影像地图的制作只需设置参数就行了。

DLG 编辑过程更需要我一点点地摸索，从开始学会地物采集，到地物编辑，再到物方测图，每一步都有自己的体验。虽然采集过程也有磕绊，但由于和大家多次交流，我也没有走太多的弯路。就是软件使用不太熟悉，很多功能没有掌握好，比如房子边缘很难完全咬合。而绘制等高线的过程中，更是考验眼力和心力，要不断地修测和调整，以得到更好的数据。

在实习过程中，我个人实习进度稍微有点落后，当然也补了很多次课。有时候明显感觉自己真的太过于纠结于一些小细节了，非得较劲儿不可。以后还是要多注意，尽量跟上老师的进度，提高学习效率。

- **行业理解**

"实践出真知"，通过实际操作实践，使我对专业知识有了更为准确的理解。以前对自动化十分推崇，总觉得人工编辑耗时耗力。但在实习过程中，还是发现人工编辑的一些优点和不可替代性，自动化总是照不到某些角落的。这种原始的方法，包含了人的先验知识和思维判断，真的自有其重要性。

同时，这次实习也加深了我对测绘行业的认知。精度的的确确是测绘行业的生命线。虽然以前的实习也有很多精度方面的限制，但是像这样完全按照生产要求，严格进行操作实践，并全面分析其精度，还是比较少的。我更认识到，测绘产品的生产极为繁琐细致，作为一名测绘工作者，不仅要有娴熟的操作技能，更要有端正平和的心态。

## 2. 体会与建议

- **软件硬件**

设备的先进程度，还是会很大程度上影响工作效率的，无论是软件还是硬件。很显然的是，鼠标完全不如手轮脚盘灵活，操作较为费劲。

VirtuoZo 软件平台反应速度比较快，但可能是因为软件版本的问题，存在一些不足，偶尔出现不知名的错误，虽然经过打补丁，已经优化很多，但偶尔还是会出现错误。作为测绘行业数据处理软件，这也影响作业。同时，VirtuoZo 软件在前期处理比较好，在 DLG 编辑方面，尤其是工具应用方面，还是有一定的改进空间。

- **指导交流**

其实我们对软件还是不太熟悉，很多操作没有真的弄清楚原理，尤其是在刚开始的时候，就不可避免地走了很多弯路。而即使到了最后，我们也只是达到了一个可操作的水平，并不足以应对各种突发状况，基本功还是不够扎实。

而老师对软件运行机制和原理的理解比较深入，在出现问题的时候，能更好地解决问题。跟上老师的节奏，按照老师的指导，不仅能学到操作过程中必要知识，还能获得很多实用性的经验技巧。记得当时我错过了第一次实习，没有完全记下操作，很多参数就有些错置了，在后续的操作中，发生了很多不知名的错误，导致后来完全重做。

老师们都很平易近人，极为认真负责，尽力帮我们解决问题。只有在万不得已的情况下，才让你重做一次。就算有的问题一时难以解决，老师还是会一直惦念着，时不时就想出新的方法，过来帮我尝试一下，令我十分感动。

同时，我也注意和同学们交流经验，实习中也学得了很多小技巧，极大地提高了操作效率，和大家一起交流，共同进步的感觉很好。

作为本科期间的最后一次实习，我一直都很珍惜，就算我们都将踏入新的人生阶段，这次实习的很多体验和经历，也是我大学里珍贵的记忆。谢谢一路走来的各位指导老师的殷切教导，以及各位同学的理解帮助，相信大家都会越来越好！

## 四、实习考核表

| 综合评语： | | | | |
|---|---|---|---|---|
| 平时成绩 | | 所占比例 | | 20% |
| 报告成绩 | | 所占比例 | | 30% |
| 考核成绩 | | 所占比例 | | 50% |
| 总评成绩 | | | | |
| 指导教师： | | | | |
| | | | | 年　月　日 |

# 参 考 文 献

［1］ 王之卓. 摄影测量原理 ［M］. 武汉：武汉大学出版社，2007.

［2］ 张剑清，潘励，王树根. 摄影测量学（第二版）［M］. 武汉：武汉大学出版社，2009.

［3］ 张祖勋，张剑清. 数字摄影测量学（第二版）［M］. 武汉：武汉大学出版社，2012.

［3］ 贾永红. 数字图像处理（第二版）［M］. 武汉：武汉大学出版社，2010.

［4］ 王树根. 摄影测量原理及应用 ［M］. 武汉：武汉大学出版社，2009.

［5］ 孔毅，张志强，赵崇亮. 基于 ArcGIS 的 CAD 数据入库研究 ［J］. 测绘通报，2010，5.

［6］ 王孟杰. 数字测绘产品的质量控制策略浅析 ［J］. 科技咨询导报，2006，20.

［7］ Ir Chung San，Han L A. Digital Photogrammetry on the Move ［J］. GIM，1993，7（8）.

［8］ A. Stewart Walker，Gordon Petrie. Digital Photogrammetric Workstations 1992—1996 ［J］. International Archives of Photogrammetry and Remote Sensing，1996，19（B2）；384-395.

［9］ 何国金，李克鲁，胡德永，等. 多卫星遥感数据的信息融合：理论、方法与实践 ［J］. 中国图象图形学报，1999，9.

［10］ 周仪邦. 基于测绘产品生产现状的检验措施研究 ［J］. 科技资讯，2011，15.

［11］ 张晓东，吴正鹏. 全数字空中三角测量精度影响因素分析 ［J］. 天津测绘，2013，1.

［12］ 王宗权. 利用 Geoway-Checker 软件设计 1：5 千缩编 1：1 万 DLG 数据检查程序 ［J］. 数字技术与应用，2012，9.

［13］ 赵向方. 关于 DLG 数据整理及建库质量控制的探讨 ［J］. 北京测绘，2011，2.